青少年灾害防范自救
FANG FAN ZI JIU

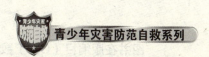

青少年灾害防范自救系列

环境杀手：突发环境污染的防范自救

面对突然的灾难
如何及时做出最正确的选择

FANG FAN ZI JIU

田 勇◎编著

学会自我保护，树立防范意识

未成年人自我保护的指南针

青少年健康成长的保护神

一书在手，灾害远离

青少年
灾害防范自救

河北科学技术出版社

图书在版编目（CIP）数据

环境杀手：突发环境污染的防范自救 / 田勇编著
. — 石家庄：河北科学技术出版社，2014.5
ISBN 978-7-5375-6197-6

Ⅰ.①环… Ⅱ.①田… Ⅲ.①环境污染事故—应急对
策—青年读物②环境污染事故—应急对策—少年读物③环
境污染事故—自救互救—青年读物④环境污染事故—自救
互救—少年读物 Ⅳ.① X507-49

中国版本图书馆 CIP 数据核字 (2014) 第 037069 号

环境杀手：突发环境污染的防范自救
田勇　编著

出版发行：河北科学技术出版社
地　　址：河北省石家庄市友谊北大街 330 号
邮　　编：050061
印　　刷：三河市燕春印务有限公司
开　　本：710×1000　1/16
印　　张：13
字　　数：180 千字
版　　次：2014 年 5 月第 1 版
　　　　　2016 年 5 月第 2 次印刷
定　　价：29.80 元

前 言

人类文明史的进程，是一个与各种灾害相抗衡、与大自然相适应的艰难历程。随着经济与社会的不断发展，社会财富快速积累，人口相对集中，各种自然灾害、意外事故等对人类的生存环境和生命安全构成的威胁越来越严重。尤其是近些年来，地震、洪水、台风、滑坡、泥石流等自然灾害，以及各种突发性疫情、火灾、爆炸、交通、卫生、恐怖袭击等伤害事故频频发生。这些"潜伏"在人生道路上的种种危险因素，不仅会造成巨大的经济损失，更为严重的是会造成人员伤亡，给社会和家庭带来不幸。这些事件看起来似乎离我们很遥远，但事实上，每个人都处于一定的安全风险中，而且谁也无法预料自己在何时何地会遇到何种灾难。

人无远虑，必有近忧。因此，不要等到地震来临时，才想起不知道最佳避震场所的位置；不要等到火灾发生时，还想不起逃生通道在哪里或是不知道灭火器怎样使用；不要等到车祸发生时，因惊慌失措而枉自送了自己的性命；也不要等到遭受人身侵害时，才想起当时不该疏忽大意……

古人云："居安思危，有备无患。"这话就是提醒我们在平时就应注意防范身边可能出现的各种危险，并做好充分的准备。曾经发生的灾难给我们留下了血的教训，倘若我们平时能够了解、积累一些有利于自我保护的基本常识和技巧，并加以适当的训练，那么，当我们陷入突如其来的困境和危险时，就会镇定自若、从容应对，产生事半功倍、化险为夷的效果。

人最宝贵的是生命，生命对于每一个人只有一次。特别是青少年，掌握一些防灾自救的安全常识，是必不可少的。只有了解掌握这些宝贵的知识，才能在紧要的危急时刻，临危不乱，有方法、有步骤地采取积极有效的措施，将各种灾难带来的损失降到最低。

环境杀手

突发环境污染的防范自救

　　为此，我们特意编写了本套图书，主要内容包括"自然灾害""火场危害""交通事故""水上安全""中毒与突发疾病""突发环境污染"等，主要针对日常生活中遇到的各种灾害问题作了详细解答，并全面地介绍了防灾避险以及自救的知识。我们衷心希望本套图书能够帮助青少年迅速掌握各种避险自救技能。广大青少年要牢牢记住：你的安危，牵系全家的幸福。让我们给你的幸福再加一道保险！谁都无法预测明天会发生什么！注意——危险时刻会发生！防患于未然，只有懂得更多自救措施，才能更有效地保护自己，救助他人！珍爱生命，关爱身边的人，让我们细读这套书，一旦身处危难，我们能够用科学的方法自救和救助他人，一道去守护危境中的生命！

Contents 目 录

▌第六章 有毒气体泄漏防范自救

▌第七章 突发核污染的防范自救

第一章
认识环境与突发性污染

目前，突发环境污染事件已成为各国关注的焦点。自20世纪以来，世界各国发生了多起震惊世界的环境污染事件，如前苏联的切尔诺贝利事件、印度的博帕尔事件、美国三哩岛事件以及发生在我国重庆开县的天然气井喷事件等。这些事件的共同特点就是突发性。

了解我们的环境

　　地球——是孕育世界上所有生命的母亲，是保护这些生命得以成长的本源；她承载着一切现代文明，她象征着我们最本质的财富。地球——是我们永远不变的希望，是我们世代得以延续的生机，是我们共同的家园！

　　1972 年 6 月 5 日，在瑞典斯德哥尔摩召开的联合国人类与环境会议上，提出了一个响彻世界的口号："只有一个地球——对一个小小行星的关怀和维护"。

　　近五十亿年来，地球在日复一日、年复一年地变化着。二百多万年前，当人类在地球上诞生时，这个行星就为人类提供了充足的生存条件——陆地、海洋、森林和空气。据有幸进入宇宙的宇航员介绍，他们在遨游太空时，遥望地球，映入眼帘的是一个蓝白纹痕相间、周围裹着一层薄薄水蓝色"纱衣"的球体，晶莹纯洁，闪烁着斑斓的色彩。

地球模型

地球,是那样的美丽壮观。许多文学家、诗人,满怀深情表达对她的赞美,画家们用色彩描绘她的壮美,科学家们脚踏实地地为她梳妆,愿她青春常驻。郭沫若在《地球,我的母亲》诗中写到:"……地球,我的母亲!/你背负着我在这乐园中逍遥。/你还在那海洋里,/奏出些音乐来,安慰我的灵魂。地球,我的母亲!/我过去,现在,未来,/食的是你,衣的是你,住的是你,/我要怎么样才能够报答你的深恩?"

然而,这颗美丽的星球,自从承载人类之后,人类竟以"征服者"的姿态,对无私奉献的母亲"恩将仇报",在她的脚下制造了一个个"巨大陷阱",致使"母亲"的忍耐超过了极限,她已开始无情地嘲弄和戏谑人类的过失。能源危机、水源危机、生态危机;崩塌、滑坡、泥石流、火山、地震;温室效应、热浪袭击、生物大批死亡……人们不禁要问,是什么原因搞得"母亲"与人类的关系这样紧张?追根溯源还在于人类自己作的孽。

我们"只有一个地球"。除了加倍珍惜爱护这个已经疲惫劳累的大家园,别无选择。让我们一起来关注地球母亲吧!

什么是环境?环境是相对于某项中心事物而言的。例如,鲸生活在海洋里,离开海洋就会死去,所以海洋对鲸所产生的各种影响,都属于鲸的环境;对于另一种动物企鹅而言,由于它生活在海洋里,也生活在陆地上,所以它所处的海洋与陆地,就是它的环境。然而,对于人类来说,凡是影响人类生命活动的各种外界因素,均可理解为环境。

在环境科学中,一般认为环境就是人类生存环境。它包括自然环境和社会环境两大部分。在《中华人民共和国环境保护法》中明确指出,"环境是指:大气、水、土地、

郁郁葱葱的森林

矿藏、森林、草原、野生动物、野生植物、水生生物、名胜古迹、风景游览区、温泉、疗养区、自然保护区、生活居住区等。"

不难看出，人类生活在两个世界里。一个是由岩石、土地、空气、水和动植物组成的自然世界，这个世界在人类出现以前早已经存在，后来人类也成为这个世界中的一部分；另一个是人类利用自己的双手建立起来的社会结构和物质文明世界。在后一个世界里，人类用自己制造的工具和机器、自己的科学发明以及自己的设想来维护和满足自己的生活。

其实，人类的生存环境，远不止上述宏观的大环境，许多细微环境，小到厨房废气污染、居室环境等也都包括在内。而当今的世界，无论大环境还是小环境，正在不同程度地遭受污染和破坏。这样，我们可以将环境概括为：受人类活动影响、部分遭到污染，并与人类生产、生活直接相关的自然因素总和。显然，这个定义，是从环境保护角度、从环境科学研究含义上提出来的，也是我们生活中常常提到的"环境"。

环境与人类的关系如鱼与水的关系，甚为密切。事实上，环境也包括了人类本身。人与环境有着极其复杂的依存关系，以至于二者之间的界线模糊不清。人所吸入的空气成为人体的一部分；氧气使食物发生化学作用而进入人体各个组织器官；人吸入的颗粒物积聚在肺内；饮进的液体成为人体的一部分，其中所含的有害物质也是如此；土壤中生长出人类需要的粮食，粮食又变成人体的组织等，都说明在很多重要方面，人类同环境是一个整体，而"环境"这个概念本身，只是在一定程度上说明了人类与外界因素的相对性。

人类的活动不断地改变着地球环境。人类在改造环境的过程中，地球环境仍以其固有的规律运动着，不断地反作用于人类。人类在运用技术促进自身文明进步的同时，也带来了严重的环境危害，使用氯氟碳化物导致南极臭氧层空洞的出现；工业革命以来排放的"温室气体"不断增加，致使全球变暖，其直接后果是极地冰山融化、海平面上升等；人口的飞速膨胀，给地球上有限的自然资源和良好的生态环境带来了沉重的压力和毁灭性的灾难，从而直接威胁着人类的生存和发展。水资源的短缺意味着生命受到威胁，缺水现象是现在世界上绝大多数城市的通病，然而全世界每年有4200多亿立方米的污水排入江河湖海，污染了5500亿立方米的水体，将进一步加剧水资源的缺乏。土地是养育万物生灵之母，然而现在地球上可供利用的土地只有75.29亿公顷，其质量仍在不断退化，仅沙漠化每年就要吞没320万公顷的牧场、250万公顷的旱田和12.5万公顷的水田；良田被建设占用的速度比人口增长的速度快1倍，预计到2025年，全球人均耕地面积将从目前的0.37公顷下降到0.17公顷，在亚洲则降到0.09公顷，而且目前还在以每年2000万公顷左右的速度减少。动植物与人类生存息息相关，但是现在世界上每天至少有140多个动植物物种灭绝。同时各种环境污染造成的公害频繁发生。这些都构成了对当代人类生存与发展的严重威胁，也是对人类污染和破坏地球环境的报复。

地球是个整体，环境没有国界。无论是环境所面临的问题，抑或是对环境的研究，都是全世界人类所共同面对的问题。在当今世界上，环境问题已冲破狭小的地域限制，跨越国界，成为一个举世瞩目的全球性的问题。

夕阳映照下的冰山

当前面临的环境问题

1. 当前我们所面临的环境问题

（1）全球气候变暖。是指在一段历史时期内，地球的大气和海洋由于人为因素造成平均温度上升的气候变化现象。目前绝大多数研究人员倾向于认为其主要原因很可能是由于温室气体的排放过多而造成的。

地球的大气层和地表组成的系统恰如一个巨大的"温室"，在这个系统中，太阳所发出的短波辐射能够通过大气层到达地面，但地面所反射出的长波辐射不能透过大气层，从而被低层大气吸收，使得地表温度和低层大气温度不断升高，

这种现象被称作"温室效应"。温室气体是指能产生温室效应的气体，这些气体主要包括水蒸气、臭氧、二氧化碳、氧化亚氮、甲烷、氢氟氯碳化物类、全氟碳化物及六氟化硫等，其中最主要的是二氧化碳。

近一个世纪以来，全球平均气温的总体趋势为上升。与此同时，大气中温室气体的含量也在不断增加。大多数科学家认为，温室气体的不断排放所造成温室效应的加剧是全球变暖最主要的原因。人类在利用大自然资源的同时，会产生大量二氧化碳和甲烷，它们排入大气层以后使地球平均温度升高。自19

世纪工业革命以来，大气层中二氧化碳的含量已经增加了 25%，大大超过科学家可能勘测出来的过去 16 万年的全部历史纪录，而且尚无减缓的迹象。据统计，19 世纪全球平均温度大约上升了 0.6℃。北半球春天的冰雪解冻期比 150 年前提前了约 9 天；而秋天的霜冻开始时间却晚了 10 天左右。2008 年美国《国家科学院院刊》发表的最新研究成果表明，过去 10 年北半球的表面温度为 1300 年以来最高。

（2）臭氧空洞。臭氧空洞指的是由于人类活动导致大气层中臭氧的含量减少，从而引起臭氧层变薄的现象。臭氧层是地球生命的保护伞，存在于大气层的上层，它能阻挡大部分太阳紫外线（太阳辐射的

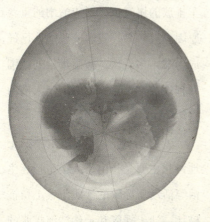

南极上空的臭氧层空洞

一部分，长久照射能引起皮肤出现红肿、水泡，严重者可引起皮肤癌）的侵入，保护地球生命。到目前为止，臭氧层变薄的区域主要出现在南极。

臭氧在常温下是一种具有特殊臭味的气体，是氧气的同素异形体，每个分子由三个氧原子组成。其大量存在于大气中的平流层中，地球表面同样存在着臭氧，尤其是在大气污染较轻的森林、山间、海岸周围的紫外线较多，存在比较丰富的臭氧。

自然界中的臭氧，大多分布在距地面 20~50 千克的大气中，我们称之为臭氧层。当大气中的氧气分子受到短波紫外线照射时，氧分子会分解成原子状态。氧原子的不稳定性极强，极易与其他物质发生反应。与氧分子反应时，就形成了臭氧。臭氧形成后，由于其比重大于氧气，会逐渐地向臭氧层的底层降落，在降落过程中随着温度的变化（上升），臭氧不稳定性愈趋明显，再受到长波紫外线的照射，再度还原为氧。臭氧层就是保持了这种氧气与臭氧相互转换的动态平衡。此外，雷电作用也产生臭氧，分布于地球的表面。

众所周知，地球上的一切生物离开太阳光就没有生命。太阳光是由可见光、紫外线、红外线三部分组成的。进入大气层的太阳光（包括紫外线）有 55% 可穿过大气层照射到大地与海洋，其中 40% 为可见光，它是绿色植物光合作用的动力；5% 是波长 100~400 纳米的紫外线，而紫外线又分为长波、中波、短波紫外线，长波紫外线能够杀菌。但是波长为 200~315 纳米的中短波紫外线对人体和生物有害。当它穿过平流层时，绝大部分被臭氧层吸收。因此，臭氧层就成为地球的一道天然屏障，使地球上的生命免遭强烈的紫外线的伤害。

随着人类的发展，特别是氟氯碳化物（氟利昂等）和哈龙等人造化学物质的大量使用，使大气中的臭氧总量锐减，我们的保护伞臭氧层遭到破坏。1984 年，英国科学家首次发现南极上空出现臭氧洞。大气臭氧层的损耗是当今世界上又一个受到普遍关注的全球性大气环境问题。臭氧层中臭氧的减少，对生物细胞具有很强杀伤作用的紫外线大量照射到地面，对生物圈中的生态系统和各种生物，当然包括我们人类，都会产生不同程度的损伤。在南极上空约有 2000 多万平方千米的区域为臭氧稀薄区，其中 14~19 千米上空的臭氧减少达 50% 以上，科学家们形象地将之称为"臭氧空洞"。

（3）酸雨。酸雨是指 pH 值小于 5.65 的酸性降水，包括雨、雪、霜、露等。酸雨的酸性成分主要为硫酸，也有硝酸和盐酸等，其主要由燃烧化石燃料所产生的二氧化硫、氮氧化物等气体，在阳光、水蒸气和闪电等复杂自然条件的共同作用下形成。

我国的酸雨主要是由于燃烧含硫量高的煤而形成的，多为硫酸雨，也有部分硝酸雨。此外，各种机动车排放的尾气也是形成酸雨的重要原因。近年来，我国一些地区已经成为酸雨多发区，酸雨污染的范围和程度非常严重，已经引起人们的密切关注。

（4）土地沙化及沙尘暴。土地沙化主要是指由于人类生产、生活等活动所导致的沙质土壤上植被破坏，沙土裸露和天然沙漠扩张的过程。

当土壤中的水分不足以为植被大量生长所利用，而植被的稀疏使其不能给土壤提供足够的附着力，就会使得土地发生沙化。任何破坏土壤水分的因素都会最终导致土壤沙化。土地沙化的大面积蔓延就是荒漠化，是最严重的全球环境问题之一。目前地球上有 20% 的陆地正在受到荒漠化威胁。我国是土地沙化最为严重的地区之一，20 世纪 50 年代以来，已有 67 万公顷耕地、235 万公顷草地和 639 万公顷林地变成了沙地，而这一数据还在不断增大。

（5）物种灭绝。1987 年 6 月 6 日，最后一只黑海雀死去后，这种南美洲特有的雀科鸣鸟就此灭绝——在地球上永远地消失了。中国渡渡鸟于 1980 年灭绝，镰翅鸡于 2000 年灭绝，袋狼于 1936 年灭绝。地球上曾有的冰岛大海雀、北美旅鸽、高鼻羚羊、普氏野马、台湾云豹等物种不复存在了。直观告诉我们，天上的老鹰没有了，大雁也不再排成"人"字或"一"字了，许多东西都只能残留在童年的记忆中，

海雀

它们永远地不存在了。

英国生态学和水文学研究中心的一支科研团队曾在《科学》杂志上发表的英国野生动物调查报告称，在过去的 40 年中，英国原生植物减少了约 28%，本土的鸟类种类减少了 54%，而本土蝴蝶的种类更是惊人地减少了 71%。一直被认为种类和数量众多，有很强恢复能力的昆虫也开始面临灭绝的命运。科学家们据此推断，地球正面临着一次新的生物大灭绝。

（6）森林植被破坏。"几百台拖拉机、推土机隆隆作响，难以数计的林木倒在地上，动物吓跑了，土地被推平。接着火焰四起，浓烟弥漫，鸟儿哀鸣，猴子嚎叫……"

这是南美亚马孙河流域热带森林被破坏的一个场景。据说，这里每天有上百万棵大树被毁掉。

森林环境是人类自然环境中生态环境的重要组成部分，是地球生物圈中的重要成分，也是地球陆地生态系统的主体。森林是由生物（包括乔木、灌木、草本植物、地被植物及多种多样动物和微生物等）与它周围环境（包括土壤、大气、气候、水分、岩石、阳光、温度等各种非生物环境条件）相互作用形成的统一体。因此，森林是一个占据一定地域的、生物与环境相互作用的、具有能量转换、物质循环代谢和信息传递功能的生态系统。

由于森林大面积被毁，引起了多种环境后果，主要是降雨分布变化、二氧化碳排放量增加、气候异常、水土流失、洪涝频发、生物多样性减少等。

（7）水资源短缺。1977年，联合国向世界发出警告："水不久将成为一项严重的社会危机，石油危机之后的下一危机就是水。"

如果说，今天一些国家为争夺石油而发动战争，那么明天，挑起战火的将是水。约旦前国王侯赛因把水的争端列为导致约旦向以色列宣战的问题之一；埃及和埃塞俄比亚，印度和孟加拉国，都因为水源问题而引发过激烈的争端。

森林被砍伐

海洋

（8）海洋环境污染。"最令我们震惊的是当我挖开沙子的时候才发现海滩的表面覆盖着数以百万的塑料颗粒。塑料不会生物降解。相反，它会分解成更小的颗粒。因此，海滩其实是满地的沙粒包裹着数以亿计微小的塑料颗粒。当意识到沙滩正在逐渐转化成一个充满了塑料的海滩时，令人不寒而栗……"

由于近年来社会经济和科学技术的飞速发展，人类各种活动的规模非常宏大，向海洋中排放的各种废弃物以及给沿岸海域带来的影响越来越巨大。在生产和生活过程中产生的废弃物绝大部分直接或间接进入海洋。当这些废物和污水的排放量达到一定的限度，海洋便受到了污染。诸如海洋油污染、海洋重金属污染、海洋热污染、海洋放射性污染等。受到污染的海域会降低海水质量、造成海洋生物死亡，危害人类健康，妨碍人类的海洋生产活动，破坏优美的环境等。海洋污染已成为当今全球环境问题之一。

你知道突发性环境污染吗

改革开放30多年来，环境污染从来没有像今天这样受到社会高度的关注，特别是直接威胁公众的安全与健康的突发性环境事件。

与一般环境污染事件不同，突发性环境污染事件往往具备突发性明显、破坏性强、难以有效预防以及时间紧迫，压力大的特点。按照《国家突发环境事件应急预案》的定义，突发环境事件是指"突然发生，造成或者可能造成重大人员伤亡、重大财产损失和对全国或者某一地区的经济社会稳定、政治安定构成重大威胁和损害，有重大社会影响的涉及公共安全的环境事件。"

突发性环境污染事件一般称之为"突发性环境污染事故"，即瞬间或较短时间内大量非正常排放或者泄漏剧毒、高剧毒或有毒有害化学品等污染环境的物质，给人民生命和安全造成威胁，给财产造成重大损失，给生态环境造成严重危害的恶性环境污染事故。

一般来说，突发性环境事故发生具有明显的偶发性，应急部门无法了解和控制事故发生，难以预警，管理部门缺乏有效的信息和资源，应急处置压力大等特征。突发性环境事故往往对环境和生态造成更大的破坏，更加难以预防。

铁路坍塌导致泄漏剧毒

常见的突发性环境事故包括化学品泄漏，即有毒、有害的化学物质在生产、运输、存储和使用过程中脱离控制，向外部环境释放的过程；有毒有害气体的事故性排放，即工业事故、交通事故引发有毒、有害气体大规模排放，造成周边环境严重污染的事件；固体废弃物非法丢弃引发的重大环境污染事故，即相关单位和个体责任人不按照有关法律法规的规定处理、处置危险废物，随意丢弃，导致重大环境污染的事件；放射性污染事故，即放射性物质在生产、运输、使用等过程中存在泄漏，导致核辐射污染环境的事件。在我国，安全生产事故、交通事故引发的突发性环境污染事件是此类污染事故中最常见的污染事件。相关安全管理措施落后、安全生产意识薄弱、操作失误等因素，导致近年来重大安全事故频发，从而引发严重的环境污染事件。

不论是一般性环境事件还是突发性环境事件，都属于生态破坏事件。通常生态破坏事件是指在社会经济、政治等活动中，由于自然因素或者人为因素，导致生态环境无

开采矿藏

法保持原有的形态而引起生态系统的变异、中断甚至崩溃。常见的生态破坏事件包括自然因素，例如：地震、泥石流、山体滑坡对原有生态系统的破坏，也包括人为因素，例如：经济建设、开采矿藏、砍伐森林、猎杀某一类动物、影片拍摄以及工业事故导致的污染破坏等类型。生态破坏事件往往导致生态系统变异或者中断，进而引发严重的生态灾难。此类事件往往具有破坏范围广、恢复难度大、持续时间长、受到生态系统复杂性影响难以界定等特征。

一般来说，严重的环境污染事件是生态破坏事件的主要类型和主要诱致性因素，但生态破坏事件要比单纯的环境污染事件更严重，更难以恢复。后者需要花费大量的人力、物力，持续性地采取措施，才能减轻和消除污染，减少生态环境因受到破坏导致的各种问题，例如：食物链中断、物种变异与灭绝等问题。

事件案例

F省D市风景秀美，历史悠久。20世纪末，该市将化工业定为该市的支柱产业，于2001年在H镇着力打造现代化工产业园。"南来秀水朝如画，北峙英山俨若狮"是H镇的真实写照。化工园区就倚江而建。自2001年中开始至2004年中，20多家以精细化工、农药、药物中间体为主的企业相继进入园区并建成投产。与此同时，由于污水处理设施不到位以及企业非法乱排乱放、工业事故泄漏等原因，导致化工园区周围的农业生产和生活受到严重的化学污染损害。沿化工园区江水变黑发臭，鱼虾死绝；周围农田里面稻谷、果树只开花不结果；四周山上的树木树叶枯萎变黄，甚至死亡；化工园区建成之后，附近村庄的癌症发病率直线上升。曾经的"歌山画水"已是"满目疮痍"。化工园区投产仅四年，周围生态就受到了严重破坏。

突发性污染事件原因

突发性环境污染事件发生的原因是复杂的,既有历史造成的原因,又有大自然及人类社会活动产生的破坏性作用,突发事件有两种因素,一种是天然的人不可抗拒的因素造成的,比如出现台风与地震;另一种是人为的因素,是可以克服的,大致可归为技术、自然、战争、人为等四种因素。

突发性污染事件发生的根本原因是人类在经济、社会活动中违反自然规律。如人们在生产活动中一味追求高额经济回报而忽略安全生产、忽视生态环境的保护,导致事故发生、环境污染、生态恶化。

1. 技术因素

技术因素一般指人们在化工生产、贮存及运输等过程中,未能达到工作任务的技术要求,或是违反操作程序,引发事故的原因。

废水在河里冲出一条黑色"冲积洲"

技术因素造成突发性环境污染事件的概率最高，也是引起事故的最复杂原因。

（1）工厂选址不合适。一些生产、贮存大量有毒、有害化学品的工厂建在重要江、河、湖泊附近，一旦发生突发性事件，大量有害化学品流入河道，引起重大污染事件。

（2）工艺落后、设备陈旧。生产工艺流程设计不合理而生产设施又缺乏及时维护检修以及更新改造，久而久之就容易发生事故。基础设施的薄弱、生产设备落后以及违反客观规律的人为干预是突发性环境污染事件发生的先决条件。

（3）责任心不强，玩忽职守。工作责任心不强，散漫懒惰，甚至为泄私愤蓄意破坏，都可导致有毒化学品泄漏、火灾或爆炸。

2.自然因素

地震、海啸、火山爆发、龙卷风、台风、潮汛、洪水、山体滑坡、泥石流、雷击及太阳黑子周期性的爆炸引起地球环流的变化等自然因素，都可能造成大型化工企业设施破坏，使有毒有害的化学物品外泄，引起燃烧、爆炸，造成突发性环境污染事故。这类事故是由不可抗拒的自然力引起，虽然目前还无法正确预报并采取预防措施，但在厂址选择、

火山爆发

建厂设计时应当有所考虑。

3. 战争因素

包括两类，一是战争破坏工厂、仓库、设施、油田、输油管道等；二是战争中使用化学武器、核武器、生化武器等造成严重的环境污染。

战争会造成工农业设施的破坏，也可能使大量有毒有害的化工原料、产品外泄发生燃烧、爆炸，造成突发性环境污染事故。

当今世界动荡不安，局部战争不断。战争不仅造成大量生物、人员伤亡，而且随时可导致有毒有害物质的泄漏以及工厂、仓库、油田、天然气运输管道的破裂等引发恶性环境污染事故。如今为了掠夺资源引发的战争对生态环境的破坏更是令人恐慌，在战争中使用各种化学武器、核武器和生物武器等现代杀伤性武器，也会给人类和生态环境造成巨大的灾难。

4. 人为因素

新的社会问题引发灾难性事故与事件增多。民族矛盾、宗教矛盾引发冲突，恐怖事件。如经济发展使人民的生活水平都有所提高，但由此带来的贫富差距、社会矛盾和

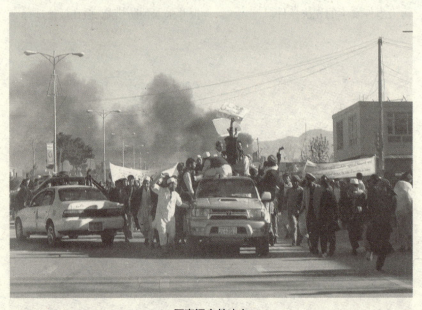

阿富汗宗教冲突

纠纷会使一些人出现心理失衡，对先富起来的一部分人表示不满，进而将自己与其他人在生活质量方面的差距归咎于社会和政府，产生报复心理，稍有不如意，就会以疯狂的方式报复社会（如爆炸袭击等）。

影片拍摄引起生态破坏的案例

2006年11月，国内某著名导演在拍摄电影《XX》过程中因影片场景布置需要，摄制组在碧沽天池修建了长约100米、宽约4米的砂石路面和长约20米铺有木条的道路，搭建了"海棠精舍"临时建筑物。"海棠精舍"及沙石道路等破坏了碧沽天池周围部分高山草甸和高山灌丛植被，对碧沽天池周围的自然生态环境造成了一定的影响。国家环保总局责成云南省组织专家对风景保护区内的风景和生态破坏进行评估，结果表明，摄制组相关拍摄活动对风景区的生态和环境造成了一定的影响，但影响程度较轻。环保总局对摄制组处以9万元的罚款，并将原修建的地表构筑物撤除，固体废弃物清除。经过一系列措施，面积约16平方千米的碧沽天池自然景观已无影响。修筑道路已覆土处理，可实现植物群落的自然恢复。

突发性环境事件及其分类

　　我国 2007 年 11 月 1 日起施行的《中华人民共和国突发事件应对法》中对突发事件做了明确的规定，突发事件是指突然发生，造成或者可能造成严重社会危害，需要采取应急处置措施予以应对的自然灾害、事故灾难、公共卫生事件和社会安全事件的总称。

　　按照社会危害程度、影响范围等因素，自然灾害、事故灾难、公共卫生事件分为特别重大、重大、较大和一般四级。法律、行政法规或者国务院另有规定的，从其规定。突发事件的分级标准由国务院或者国务院确定的部门制定。

　　突发事件由于发生的规模不同，地点不同，危害性质不同，事前准备不同而会产生不同的影响和后果，这些事件的发生具有随机性、不确定性，如果应对不当可能发展成为更大规模的事故，会对生命、财产产生伤害、损失和破坏。对这些事件的处理都可以看成是应急管理的内容。

　　应急管理中的主体指的是处理突发事件的人员、组织和机构，客体指的是处置对象，即各类突发事件。

　　环境污染事故可根据其如下情况进行分类。例如，按表观特征可分为危险品的溢出、爆炸、火灾、意外事故等；按事故性质可分为核污染事故、剧毒化学品的泄漏、扩散污染事故、易燃易爆物的泄漏爆炸污染事故、大量废水非正常排放造成的污染事故等；按危害对象可分为主要对人、对动植物、对生态环境的污染危害事故；按污染载体（要素）可分为水污染事故、大气污染事故、土壤（含地下水）污染事故、海洋以及上述四种的混合型污染事故；按污染源的性质可分为生物污染、化学污染、物理污染；按污染行业属性可分为工业污染、农业污染、交通运输污染、生活污染等；按污染持续性可分为瞬间、短期、长期、永久性污染事故；按事故发生的空间位置可分为空中、海（水）面、陆地污染事故，或者城镇、乡村、旷野、山区污染事故等。

国内的大众媒体、一些非专业文献资料乃至一些地方环保部门所编制的应急预案中通常采用的环境污染事故描述可归纳为以下5大类：①有毒化品和剧毒农药的泄漏污染事故。②易燃、易爆气体或有害液体泄漏的污染事故，如：煤气、

核电站

苯、甲苯等易挥发的有机溶剂造成的事故。③厂矿和城市污水废水突然泄入水体。厂矿废水突然泄入水体的事故相当常见。④核污染事故。核电厂发生火灾、核反应堆爆炸、反应堆冷却系统破裂、放射化学实验室发生化学品爆炸、核物质容器破裂、爆炸等放出的放射性物质对人体造成不同程度的辐射伤害与环境破坏事故等。

国内一些专业刊物关于环境污染事故的分类较为详细，一般是根据事故的发生原因、主要污染物性质、事故表现形式等进行描述，对重大环境污染事故的描述主要有如下7种：①有毒有害物质污染事故。在生产、生活过程中因使用、贮存、运输、排放不当，导致有毒有害化

学品泄漏或废水非正常排放所引发的污染事故。②毒气污染事故。这是前类事故中的一种。将毒气泄漏所导致的污染事故单列出来另成一类，是因为毒气污染较为常见。主要有毒有害气体包括一氧化碳、硫化氢、氯气、氨气等。③爆炸污染事故。由一些易燃易爆物引起的火灾或爆炸所造成的污染事故。此类物质包括煤气、石油液化气、天然气、木材、油漆、硫黄等；另外，也包含一些垃圾、固体废物因堆放或处置不当引起的爆炸事故。④剧毒农药污染事故。剧毒农药在生产或使用过程中，因意外或操作不当引起泄漏所导致的污染事故。常见的剧毒农药有有机磷、有机氯类农药等。⑤放射性污染事故。由于放射性物质泄漏，以核辐射方式所造成的污染事故。⑥油污染事故。原油或各类油品在生产、运输、贮存、使用过程中因意外造成泄漏所引发的污染事故。⑦废水非正常排放污染事故。主要指，含大量耗氧或有毒有害物质的污废水突然发生泄漏流入水体，致使水质急剧恶化或毒害动植物的环境污染事故。这种分类方法多见于专业文献中，较之非

废水排放污染

专业的分类法要翔实,更具科学性,但对环境污染事故类型的概括仍然不全面。

一般而言,根据事故产生的污染结果对事故进行分类,则有助于辨别事故性质,而性质相同则可采用相同或相似的预防和应急措施。结合我国以往对污染事故的普遍分类形式,尽量保持过去所采用的分类习惯和连贯性,同时着重体现以人为本,保护生态环境的基本原则,将污染事故分为以下6类较为合适:①水污染事故。②大气污染事故。③土壤污染事故。④生态环境破坏事故。⑤放射性污染事故。⑥噪声与振动危害事故。这种分类方法便于污染事故及污染源的识别、评估,便于污染事故及污染源有针对性地预防、日常管理和应急处理,也基本沿用了国家环境保护总局颁布的《报告环境污染与破坏事故的暂行办法》中对污染事故分类的主要原则,这种分类基本能覆盖所有已知的污染事件的种类。

城市垃圾污染

突发环境事件的分级

　　按突发事件的严重性、紧急程度及影响程度，将突发性环境事件分为：特别重大环境事件（Ⅰ级）、重大环境事件（Ⅱ级）、较大环境事件（Ⅲ级）和一般环境事件（Ⅳ级）4个等级。

1. 特别重大环境事件（Ⅰ级）

　　凡符合下列情形之一的，为特别重大环境事件：

　　（1）发生30人以上死亡或100人以上中毒（重伤）的污染事件。

　　（2）因环境事件需疏散、转移群众5万人以上，或直接经济损失1000万元以上。

　　（3）区域生态功能严重丧失或濒危物种生存环境遭到严重污染。

　　（4）因环境污染使当地正常的经济、社会活动受到严重影响。

　　（5）利用放射性物质进行人为破坏事件，或1、2类放射源失控造成大范围严重辐射污染后果。

　　（6）因环境污染造成重要城市主要水源地取水中断的污染事件。

　　（7）因危险化学品（含剧毒品）生产和贮运中发生泄漏，严重影响人民群众生产、生活的污染事件。

2. 重大环境事件（Ⅱ级）

　　凡符合下列情形之一的，为重

液氯突发性事故

大环境事件：

（1）发生 10 人以上、30 人以下死亡，或 50 人以上 100 人以下中毒（重伤）的污染事件。

（2）区域生态功能部分丧失或濒危物种生存环境遭到污染。

（3）因环境污染使当地经济、社会活动受到较大影响，疏散转移群众 1 万人以上、5 万人以下。

（4）1、2 类放射源丢失、被盗或失控。

（5）因环境污染造成重要河流、湖泊、水库及沿海水域大面积污染，或县级以上城镇水源地取水

中断的污染事件。

3. 较大环境事件（Ⅲ级）

凡符合下列情形之一的，为较大环境事件：

（1）发生 3 人以上、10 人以下死亡，或 50 人以下中毒（重伤）的污染事件。

（2）因环境污染造成跨地级行政区域纠纷，使当地经济、社会活动受到影响。

（3）3 类放射源丢失、被盗或失控。

4. 一般环境事件（Ⅳ级）

凡符合下列情形之一的，为一般环境事件：

特种设备起火事故

（1）发生3人以下死亡的污染事件。

（2）因环境污染造成跨县级行政区域纠纷，引起一般群体性影响。

（3）4、5类放射源丢失、被盗或失控。

第二章

突发性事故应急处理

应急处理是在发生火灾、爆炸和有毒物质泄漏等造成重大环境污染事故时必须采取的紧急行动，它包括应急疏散、事故处置、现场救护、现场处置、减缓污染事故引发的后果等。

突发性事故应急准备

突发性事故引起的危机及其不确定性的前景会造成高度的紧张和压力，决策者必须在有限的时间内做出关键性的决策和采取具体的危机应对措施。从危机管理的时间序列来看，这些应急措施包括影响分析、制定应对计划、技能要求、审计和评估等工作。

突发性环境污染事故意味着难以准确预防，其不确定性的特征给相关部门应对带来了巨大的挑战。从这个意义上说，突发性环境污染和生态破坏事件如果不能够及时、有效地处理，控制可能造成的破坏，防止污染的扩散，那么一个环境污

染事故将会引发大规模的环境和生态破坏，给人民群众的生命健康和财产安全带来重大损失。这就要求相关管理机构和责任主体在面临突发性环境污染事故和生态破坏事件时，必须采取及时、果断、科学的控制措施，进行应急管理，开展应

事故现场紧急救援

急救援。

突发性环境污染事故和生态破坏应急救援工作主要包括：

（1）指挥、协调和调度各种应急救援力量，投入紧急救援和应对。

（2）负责在突发性环境污染事故和生态破坏事件中接报、报告、监测、污染源排查、调查取证、通报可能受影响的地区和群众。

（3）根据污染源性质、污染程度、影响范围、破坏性等因素综合分析事故情景，参考相关领域专家意见，制定科学的污染控制与处理方案、污染物扩散趋势分析、人员疏散以及救援、信息发布等工作。

（4）做好污染应急处置和救援后续评估工作，根据实际情况解除应急状态，并进行事故评估、事故赔偿、事故总结等工作。

应急处置和救援是一项时间紧、应急情况复杂、不确定性高的工作，对应急处置和救援的相关参与者特别是应急救援指挥机关有很高的要求。考虑到突发性环境污染事故经常涉及有毒、有害的化学品，相关救援单位和个人更要注意在应急救援工作中坚持科学处置，务必将人

民生命财产安全和救援主体安全结合在一起，做到救援与自我防护相结合。

突发性环境污染事故的基本特征要求应急处置和救援必须坚持以下原则：

（1）以人为本，生命第一原则。突发性环境污染事故紧急救援必须首先考虑污染事故可能对周边地区群众生命健康造成的损害，以及对救援人员可能面临的健康损害。这就要求突发性环境污染事故应急救援机构及个人科学地分析污染源的类型、扩散规律和可能影响范围以及对生命健康的损害，及时做好救援和疏散工作；认真做好救援机构及相关人员的安全防护，否则不准

化学品运输车辆泄漏事故

进入应急救援现场，避免进一步的人员损害。

（2）专家指导，科学处置原则。突发性环境污染事故污染源复杂多样，特别是不同类型的无机、有机化学物品有不同的特性。这就要求应急救援必须首先准确地判定污染源的类型，再根据相关领域专家的意见采取科学的控制和处理措施。任何主观臆断都有可能延误应急救援工作的时机、造成更大的损害；应急救援工作必须充分发挥专家、应急救援专业机构和人员的作用，提高应对突发性环境污染的技术和能力、避免因错误的处置措施引发次生灾难、衍生事件。

（3）统一领导与协调管理原则。根据《国家突发环境事件应急预案》和各地突发环境事件应急预案的相关规定，各级政府应急管理部门特别是环境应急管理部门必须明确各自的职责。一旦发生突发性环境污染事故，就应该在应急指挥机关的统一领导和指挥下，开展应急救援工作。环境、卫生、交通、警察、通信等应急救援部门必须按照指挥机关的统一指挥，协调配合，有效地展开人员救援、交通管制、人员疏散、污染监测、污染隔离、污染处置等工作。

（4）属地管理与分级响应相结合的原则。根据《国家突发环境事件应急预案》以及各级地方政府突发性环境事件应急预案的相关规定，结合突发性环境污染事故的等级划分，开展有效的应急救援工作。相关救援机构在确认环境污染事故极其危害性之后，对照相应的事故等级，启动应急救援预案。超出本级应急救援范围和能力的，及时报告上级应急救援部门或者上级人民政府，启动更高一级的应急救援预案。属地管理与分级响应相结合的原则，要求应急救援必须坚持基层人民政府及相关职能部门为应急救援的基础力量，上级政府或者应急管理部门在接到下级人民政府或应急管理部门的报告和请求时，通过技术指导、救援力量增援或者直接接管应急救援等方式，介入应急管理救援工作。

（5）规范处置与灵活处置相结

合。在应急救援过程中，应急救援机关和人员必须按照相关法律法规、应急预案以及事故处置的科学程序实施应急救援。针对不同类型的突发性环境污染事故，按照污染源的特性以及应急预案的相关规定程序，分步实施应急救援。与此同时，应急救援工作必须根据应急现场的实际情况，灵活地采取应急手段和处理措施，控制污染事故现场，防止污染扩散。这就要求应急救援人员特别是现场应急救援人员既要准确

安置受灾民众

掌握相关规定，又要因地制宜地、采取果断措施控制和消除污染。

应急救援的意义

应急救援工作关系到整个危机管理的成效，是危机管理的关键环节。科学的应急救援工作有助于将突发性环境污染事故和生态破坏事件造成的损失降到最低程度，最大限度地保护人民群众生命、财产安全和生态环境健康。因此，突发性环境污染事故应急救援工作的基本原则对于规范和指导应急救援工作具有重要的意义。

应急处置和救援

面临突发性环境污染事故和生态破坏事件时，应急指挥机关和应急救援单位及工作人员必须根据相关应急预案的规定以及科学的处置程序，展开救援行动。应急管理机关必须事先在专家指导下制定应急救援预案，明确工作程序。应急管理机关及应急救援单位必须熟悉应急救援的基本程序规定。在应对突发性环境污染事故过程中，认真按照相关工作程序规定，开展救援工作。

一般来说，按照时间序列来划分，应急救援工作程序主要包括：

（1）接报。接报工作是应急救援工作的起点。接报是指各级人民政府、相关应急救援部门或者领导机构接到发生突发性环境污染事故和生态破坏事件的报告。这些报告主要包括事故责任人或者事故责任单位的报告、事故现场群众的报告、下级政府或工作人员的报告。接报意味着相关政府部门和应急救援力量接到进行应急救援的信息，需要根据相关情况开展应急救援工作。接报工作主要包括接警记录、警情核实和警情初步研判。

（2）报告。报告是指接到突发

性环境污染事故和生态破坏事件警情之后，经过核实和初步研判后，按照相关预案管理的规定以及各级政府部门、应急救援机构的职责，在规定的时间内向上一级政府或职能部门、本级应急救援领导机构及负责领导同志报告事故信息。报告工作包括初报和续招工作。初报是指接警单位或人员在接到事故报告之后，将事故的初步信息按照规定向本级领导机关及上级部门进行报告；续报是指在介入应急救援之后将事故详细信息、救援工作的进展以及其他上级领导机关需要的信息报告给相关领导机关及职能部门。初报与续报工作是上级领导机关、特别是应急指挥机关对应急救援工作进行指导、指挥和决策的重要依据，具有重要意义。这就要求相关机构与责任人在面临突发性环境污染事故和生态破坏事件时，要及时、准确、客观地报告与事故相关的信息。

（3）启动应急救援程序。应急指挥机关及相关政府部门在接到事故责任单位、责任主体或下级报告后，根据事故发生的初步信息，判断事故类型与等级，按照相关应急

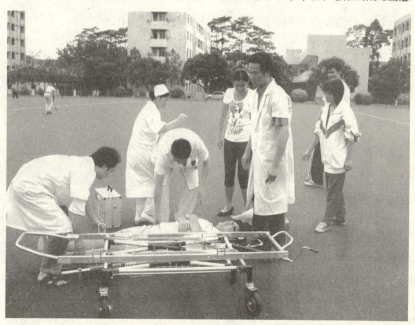

应急救援演习

救援预案的规定，及时启动应急救援程序。启动应急救援程序包括明确应急救援单位及职责；确定指挥体系以及负责指挥救援的领导同志；根据事故相关的信息，初步拟定应急救援方案。

（4）现场勘查。应急救援工作启动之后，按照属地管理的原污染源及事故类型之后，必须在管辖区域内展开污染源排查、受灾民众安置、事故调查与取证、落实相关责任以及赔偿事宜。污染源排查有助于防止此类事件再次发生；事故调查与取证是后续落实事故责任的前提；落实赔偿事宜是防止因环境污染事故或生态破坏事件引发其他环境群体性事件、减轻受害群众健康和财产损失的重要措施。

（5）应急学习。在突发性环境污染事故和生态破坏事件有效处理完毕之后，应急管理机关及相关责任主体必须展开应急管理工作评估与总结，积极探索相关应急救援工作的改进。良好的应急学习机制有助于提高应急救援主体应急管理的效率。

当然，上述应急处置和救援的基本程序是按照时间序列进行排列而成。在实际的应急救援工作中，有些程序可以并行处理，而不一定非要串行处理。例如：现场勘查与续报工作就可以并行处理；现场勘查、确定应急救援方案、应急救援终止就应该按照串行处理程序进行。应急处置和救援工作与污染源排查既可以串行处理又可以并行处理。这就要求应急救援指挥系统准确理解应急救援的程序，既能够有序进行救援活动，又能够切实有效地改进应急管理工作。

化学品泄漏事故救援演练

突发事件现场怎样救护人员

1.人员安全防护

人员安全防护包括：应急人员的安全防护和受灾群众的安全防护。

应急人员应根据不同类型环境污染事故的特点，配备相应的专业防护装备，采取安全防护措施，严格执行应急人员出入事发现场程序。

受灾群众的安全防护由现场应急救援指挥部负责组织，主要工作内容如下：

（1）根据突发环境事件的性质、特点，告知群众应采取的安全防护措施。

（2）根据事发时当地的气象、地理环境、人员密集程度等，确定群众疏散的方式，指定有关部门组织群众安全疏散撤离。

（3）在事发地安全边界以外，设立紧急避难场所。

防护服

现场防护装置是为了保护突发环境污染事故现场工作人员免受化学、生物与放射性污染危害而设计的装备，包括防护服、防护面具、防护手套和呼吸用品等，以预防现场环境中有毒、有害物质对人体健康的危害。

环境应急人员的安全防护主要措施有：

（1）有毒、有害气体防护：采用呼吸道防护的方法，使用正压式氧气面具（空气呼吸器）、防毒面具、防尘面具、浸水的棉织物等。

（2）不挥发的有毒液体：采用隔绝服防护。

（3）易挥发的有毒、有害液体：采用全身防护。

（4）易燃液体、气体的防护：采用阻燃服、呼吸道防护。

（5）辐射防护：采用防辐射专用服防护。

2. 人员的救护

现场急救的组织与实施是决定事故应急救援成功与否的关键环节。现场急救成败的关键除了高超的技术、完善的设备外，更重要的是时间；急救队伍应快速集结、快速反应、分秒必争地投入救援行动，在最短的时间内使伤员得到救助，以达到挽救生命、稳定病情、减少伤残、减轻痛苦的目的。及时有效的现场急救和转送医院治疗，是减少事故现场人员伤亡的关键。

现场救护基本程序：

（1）现场救护：①将染毒者迅速撤离现场，转移到上风或侧上风方向空气无污染地区。②有条件时应立即进行呼吸道及全身防护，防止继续吸入有毒气体。③对呼吸、心跳停止者，应立即进行人工呼吸和心脏按压，采取心肺复苏措施，并给予氧气。④立即脱去被污染者的服装。⑤皮肤污染者，用流动清水或肥皂水彻底冲洗。⑥眼睛污染者，用大量流动清水彻底冲洗。

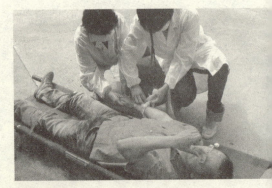

救助伤员

（2）使用特效药物治疗。

（3）对症治疗。

（4）严重者送医院观察治疗。

环境污染事故应急预案中应明确针对该地区可能发生的重大污染事故，为现场急救、伤员运送、治疗及卫生监测等所做的准备和安排，应急预案应包括：

（1）可用的急救资源列表，如急救中心、救护车和急救人员。

（2）医院的列表。

（3）抢救药品、医疗器械和消毒、解毒药品。

（4）建立与上级及外部医疗机构的联系与协调，包括疾控中心、危险化学品应急抢救中心、毒物控制中心等。

（5）建立现场急救站，设置明显的标志，并保证现场急救站的位置安全，以及空间、水、电等基本条件保障。

（6）建立对受伤人员进行分类急救、运送和转送医院的标准操作程序，建立受伤人员治疗跟踪卡，保证受伤人员都能得到正确及时的救治，并合理转送到相应的医院。

（7）记录、汇总伤亡情况表。

（8）建立和维护现场通讯，保持与现场总指挥的通讯联络，与其他应急队伍（环保、消防、公安、

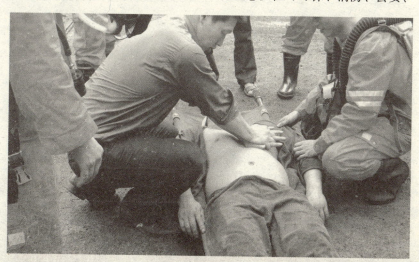

现场急救

公共工程等）的协调工作。

（9）环保、卫生（水、食物污染等）和传染病源监测机构（如卫生防疫站、疾控中心、检疫机构、预防医学中心等）及可用的监测设备和检测方案。

伤员的确定

环境污染事故中要估计到三种类型的伤员：

（1）没有受到污染但受到物理伤害的伤员。

（2）没有或有很小的物理伤害，但已经受到化学品的污染。

（3）受到严重伤害以及化学品污染的人。

伤员的分类，除了最初的评估外，根据化学品和污染的方式，应急医疗服务人员应该经常地再评估那些等待治疗的伤员；应急医疗服务人员应该对在事故中所涉及的化学品的化学特性及物理特性和在不同的暴露水平下的症状予以确认。

现场怎样紧急疏散人员

当突发性环境污染事故发生后，应急指挥中心或现场指挥部应该根据现场勘查报告、应急监测报告，结合事故发生现场的气象、地形条件以及周边环境的基本情况，决定是否进行人员疏散。应急指挥机关根据得到的上述信息，结合不同类型污染事故扩散规模，科学地判明事故可能影响的范围和区域。对于事故造成的有毒有害气体、液体或者放射性污染危害，可能损害人民生命健康的，应该及时组织实施人员疏散。

（1）依据化学品的特性以及泄漏量，结合事故现场的各项信息、应急监测报告以及应急指挥部的报告，借助于污染扩散规模科学地确定污染范围、明确疏散区域。

（2）合理地确定疏散距离。根据污染物质的不同特性和污染扩散

小区化学品泄漏人员疏散演练

039

范围，结合事故现场的地形、气象等信息，合理地确定疏散距离。发生有毒有害的危险化学品事故时，在污染区域的下风向区域的居民，应该向两边疏散或者向上风向疏散；在夜间疏散时，安全疏散距离应该比白天远；在白天时遇到有风的天气，应该加大疏散距离。对于液态化学品泄漏等引发的污染事故，在高温天气应该加大疏散距离。科学合理地确定疏散距离是减少污染损害的有效手段。

（3）实施人员疏散。应急指挥中心或现场指挥部下达人员疏散的命令，由公安、消防、武警、基层人民政府工作人员以及基层党组织负责实施人员疏散工作；各单位接到命令后必须按照指挥部的要求，沿确定的方向撤离危险区域。撤离的过程中必须确保居民有序撤离，避免因慌乱引发拥挤、踩踏等次生事故；负责组织人员疏散的机构和人员必须在规定的时间内完成人员疏散。

（4）人员疏散的核查。组织人员疏散和撤离的相关机构必须组织拉网式搜查，确保危险区域内人员

一个不留，经说服、劝说无效时，可以由公安、消防、武警以及亲戚、家属实施强制撤离，避免不必要的损害。

（5）撤离人员管理。相关部门必须加强对集合到指定地点的群众安抚、救助和管理工作。相关机构要及时告知事故信息，安抚群众，提供基本的需要例如水、食品、休息地点等；公安部门应该加强社会秩序的管理，加强人员聚集地点的巡逻，保证人民群众安全，避免发生意外事件，影响社会稳定。

（6）撤离区域的封闭和警戒。一旦完成人员撤离之后，相关部门应该按照应急救援指挥部的指令，加强对撤离区域的管理和警戒，避免失窃、火灾以及其他事故发生。

用特殊设备安全撤离

公安、消防、武警等相关部门可以建立巡逻队伍、检查哨、封闭圈等禁止任何未经许可的人进入撤离区域；保证撤离人群不得擅自回家。

7. 污染威胁消除，组织民众回家。污染源消除后，经环境保护部门及相关监测部门评估，污染威胁已经解除，应急救援指挥机关下达解除撤离的命令，由相关机构组织民众回家。公安、消防、武警以及基层人民政府、基层党组织、村民委员会、居民委员会等组织必须按照上级命令，组织群众有序回家。公安部门做好秩序维持工作。如果发生财物失窃等事件的，公安机关经核实后，按照相关规定及时立案调查。各级人民政府以及基层党组织、居民委员会、村民委员会应该及时向群众通报污染消除的信息，积极引导群众尽快消除恐慌心理，恢复正常的生产和生活秩序。

人员疏散工作涉及大规模群众的转移，是一项非常复杂的工作。突发性环境污染事故应急指挥机关必须慎之又慎。在面临危险时，既不能不下定决心实施人员疏散，延误撤离时机，造成额外损失；也不能随意扩大撤离范围，无端增加救援工作量，影响群众的正常生产和生活。这就要求应急指挥机关必须在掌握充分信息的情况下，在事故危害时间内及时、科学地作出决策。对于那些污染不会扩散或者影响范围有限的突发性环境污染事故，尽可能不要实施大规模人员撤离。必要时可以使用紧闭门窗、提供防毒面罩、强制关闭空调以及其他可能性的措施，协助民众抵御有毒有害气体、液体等污染源。

人员疏散

现场怎样消除污染

消除污染是指应急现场处置单位按照相关程序，采取切实有效的措施消除污染源、污染物质以及污染影响的行为。

1. 清洁净化

在环境污染事故发生的过程中，污染物可能扩散到其他区域的环境中。污染的程度和水平取决于污染的类型和形式、接触的时间和其他因素（浓度、温度和污染物与接触物质的反应）。当泄漏物扩散时，轻的或中等的漂浮气体或蒸汽云可能很快扩散到其他地方，而且除泄漏源附近外，不会沉淀大量的污染物。然而，比空气重的气体或空气悬浮物颗粒很可能与地面接触并且消散也比较慢。救援人员应该掌握一定的知识，能够确定在不同的泄漏条件下污染的程度，对可能受到污染影响的区域进行很好的估计。

液体方式泄漏的污染物可能产生下列方式污染：

（1）进入水泥地面的裂缝。

（2）溅到设备或其他物体表面。

（3）渗进到土壤或多孔的材料中。

（4）进入地表水、进入排水沟或下水道。

由于较高的浓度和较长的接触时间，以液态或雾的方式泄漏通常引起比以气态或蒸汽方式泄漏更大的污染。更多地以液体方式的泄漏可能最终进入到地表水中，并引起更大的污染。

污染物质也可能以固态或微粒的方式泄漏。固态污染的程度通常明显小于其他形式的污染。严重的污染出现在离泄漏源比较近的地方。

清洁净化的准备主要包括：废水的处理,需要的净化设备(如软管、水枪、喷雾器、淋浴器)等。

环境净化的主要方法包括：

（1）稀释。用水、清洁剂、清洗溶液清洗和稀释污染物。洗涤溶液可能包括：清洁剂、肥皂或其他的液体香皂。清洗液可能包括：稀释的磷酸盐、小苏打。

（2）处理。在事故区域中使用的衣服、工具、设备应该考虑处理。当应急人员从受污染区域撤出时，他们的衣服或其他的物品应贮藏在合适的容器中并作为危险的废物来进一步处理。虽然多层防护服有较高的防护水平，然而由于处理费用并不昂贵也应该考虑对之进行处理。

（3）物理法去除。使用刷子可以除去一些物质，吸尘器也可以吸收掉活性物质，较大的部分应该用

水枪清洁

大量的水和清洁剂清洗。

（4）中和。中和通常不直接应用于人的身上，它的使用通常仅限于衣服和设备，如处理酸性污染物用碱性药剂。苏打粉、碳酸氢钠、碎的石灰石、醋、柠檬酸、家用漂白剂、次氯酸钙盐、矿物油都是一些获得广泛使用的中和材料。有一种特别的中和剂——葡萄糖酸钙可用于皮肤与氟化氢接触的情况。

（5）水解。如处理卤代烷、酯类等毒害物可采用水解。

（6）氧化。如利用次氯酸盐的强氧化性消毒。

（7）吸附。利用吸附性能较强的物质（如活性白土、活性炭、蛭石等）吸附泄漏物品或过滤空气、水中的污染物，亦可用棉花、纱布等吸去人体皮肤上的污染物液滴。吸附剂使用后要加以处理。

（8）隔离。要将现场和设备全部围起来以免污染，然后对污染物质进行处理以永久去除。

（9）转移。通过铲除、切断或覆盖等手段将污染物移走或覆盖掉，减轻或消除污染物的危害。

2. 设备净化

环境污染事故发生后被污染的仪器和设备清除及清洗不可忽视，在发生污染物质已经泄漏到装置或环境中的事故后，应注意在应急行动中受到污染的应急设备要及时清作污染。决定恢复和清除效果的重要因素是时间，如果过多拖延时间，

国外紧急救援组织

最后清除的花费将会更高。

小范围的设备净化的基本方法是一样的，通常用清洗的方法来完成。

大范围设备的净化一般是两个过程。第一个过程是去除或降低大面积上的污染。第二个过程是收集废液并处理污染物质。大范围的清除方法的注意事项：

（1）水洗。水洗后的水必须收集并加以处理。周围的电力设备或机械必须有良好的绝缘。地面和墙面不能用多孔材料以防渗透到这些的表面。

（2）中和。酸、碱性的物质需要中和，当放热反应时，应严格控制速度。

（3）吸收／吸附。可用于较大的处理范围。如果物质是不相溶的，可能有潜在的反应问题。

（4）刮除。当污染物质是淤泥状时，应刮除尘的危害。

（5）蒸汽与高压清洗。对于非多孔渗透的表面污染非常有效。但废液也必须收集起来加以处理。

在许多情况下，对大范围扩散污染事故也可能需要专业部门的帮助来进行清除净化。

光化学烟雾污染事故的应急措施

光化学烟雾是由汽车、工厂等污染源排入大气的碳氢化合物和氮氧化物等一次污染物，在阳光的作用下发生化学反应，生成臭氧、醛、酮、酸、过氧乙酰硝酸酯等二次污染物，参与光化学反应过程的一次污染物和二次污染物的混合物所形成的烟雾污染。

光化学烟雾污染级别按照代表性污染物臭氧的浓度划分为三个级别。

Ⅰ级：城区和近郊区有两个或两个以上监测站点的臭氧小时平均浓度大于或等于 1000 微克/立方米（臭氧 API 指数 400），根据预测并仍将持续 2 小时以上。

Ⅱ级：城区和近郊区有两个或两个以上监测站点的臭氧小时平均浓度大于或等于 800 微克/立方米（臭氧 API 指数 300），根据预测并仍将持续 2 小时以上。

污染空气的工业烟尘

Ⅲ级：城区和近郊区有两个或两个以上监测站点的臭氧小时平均浓度大于或等于400微克／立方米（臭氧API指数200），根据预测并仍将持续2小时以上。

根据城市光化学烟雾污染的级别，分别采取以下防治措施：

Ⅰ级污染事故采取强制级控制措施。在采取限制级防治措施的基础上，可以通过警车用扩音器发布警报，有条件的城市可以动用直升机广播警报，或者通过警报器在全城范围发布环境污染警报，并保持信息发布直至烟雾污染事故警报解除；对重点大气污染源实施停产、禁排措施；实施严格交通管制，污染物排放水平较高的机动车禁止上路行驶，重点区域内除采用清洁能源的机动车、应急车辆和急救车辆外，社会车辆全部禁行；城区全部小学和幼儿园保持关闭；禁止普通人群上街活动。环境保护部门加强对重点污染源的监督和执法检查，对未安装连续在线自动监测设备的重点污染源派专人蹲点监督；环境保护部门在光化学烟雾污染重点区域和烟雾下风向开展应急流动监测，

及时向指挥部报告实时监测数据，每5分钟至少应报告一次重点监测点位的监测数据；气象部门开展临界气象预报，每10分钟至少应进行一次预报，环境保护部门同时进行污染预报。

Ⅱ级污染事故采取限制级控制措施。在采取通告级防治措施的基础上，还应采取以下措施：在主要道路沿线和公共场所里的电子显示牌及时向市民通告污染水平和污染区域，并保持信息发布直至烟雾污

工业废气

染事件警报解除；对重点大气污染源采取限产、限排措施；实施交通管制，污染物排放水平较高的机动车限行；重点污染区域的小学和幼儿园保持关闭。环境保护部门加强对重点污染源的监督和执法检查；环境保护部门在重点区域开展应急流动监测，并及时向指挥部报告实时监测值，每10分钟至少应报告一次重点监测点位的监测数据；气象部门开展临界气象预报，每15分钟至少应进行一次气象预报，环境保护部门同时进行污染预报。

Ⅲ级污染事件采取通告级控制措施。在事故发生后的1小时内，通过广播、电视、因特网和报纸等媒体及时向市民通告污染水平，公布污染严重区域，并发布针对不同人群的健康保护和出行建议，建议哮喘病患者、呼吸道疾病患者、婴幼儿、老年人等减少户外活动；鼓励公众减少有污染物排放的活动，鼓励企业自愿减排；保持信息发布直至烟雾污染事故警报解除。

神奇的绿色植物

　　绿色植物能吸收二氧化碳、释放氧气，不同的植物对二氧化硫、氯气、氯化氢、臭氧、放射线、氨、铅等有害物质有不同的吸收能力，大面积地植树造林，增加绿色植物，既能调解大气中的碳氧平衡，又能达到净化空气的效果，也是防治光化学污染的有效方法。

第三章

突发环境灾害的防治

环境灾害的预防和治理，减少环境灾害造成的损失和基本影响是环境灾害学研究的目的。探索减灾、防灾措施，建立相应的减灾、防灾法律法规，完善环境灾害的防治与管理体系，是减少环境灾害损失的重要手段。

环境灾害的防治手段

青少年朋友们，你们知道环境灾害的防治手段有哪些吗？下面就介绍我们国家对于环境灾害的防治方法。

1. 应有健全的法规体系

减少环境灾害，保障环境安全是保证我国社会可持续发展道路的重要条件，建立健全的防灾、减灾法律法规体系，则是防治环境灾害，保障环境安全的首要任务。我国已经制定的有关法律包括刑法、矿产资源法、大气污染防治法，对此都有明确的规定。为了更好的减灾防灾，还应制定《环境灾害救助法》《环境灾害对策基本法》，以及形成完整、有效、分层次的防灾减灾的法律体系。

2. 加强可持续发展的环境教育和宣传

环境意识具有相对的独立性，任其发展，会在一定程度上滞后于社会环境的实际状况，必须加强环境教育和宣传，才能使人们意识到环境对于人类的重要性，以及人与自然协调发展的必要性和迫切性。要使人们认识到环境灾害的发生和环境安全的破坏给人类带来的巨大损失，只要求局部利益和眼前利益最大化的做法与整个社会的可持续发展是背道而驰的，必须增强国情和忧患意识。在多灾区和潜在危险区设立咨询机构，树立全民防灾意识和全球观念。

3. 加强环境灾害的科学研究

任何灾害的孕育和发生都有其内在的客观规律，只有深入地认识这些规律，才能对灾害进行控制、预防，为制定减灾防灾措施提供科学的依据。根据物质转化和运动规律，正确预测预报灾害事件发生的时间、地点、强度、灾害损失，设法改变、减轻灾害发生的频率和强度，延缓或阻止灾害的发生与蔓延。对已发生的灾害进行调查和统计是研究工作的第一步，只有掌握了实际情况，才能做出正确的判断。做好调查和统计工作也有利于加强人们对环境灾害和环境安全的重视程度。目前，需要加强灾害发生机理及内在规律、灾害风险评价、保险与灾害经济补偿模式等方面的研究。

4. 建立信息系统和预警机制

预警机制的运行有赖于完善的信息系统，只有收集了足够的信息，才能对所处的状态做出正确的判断、识别、评估可能发生灾害的类型和区域，制定合理的防灾规划，建立完善的应急机制。预警机制用来预防一些紧急情况的出现，及时采取措施避免灾害的发生，或尽量减少灾害带来的损失。但由于灾害本身的复杂性和科技水平的有限性，很难达到完全预防的目的。建立预警机制，首先要选择一些具有代表性的指标建立社会预警系统的指标体系，指标可分为警兆指标和警情指标，再经过研究和调查确定警戒线，用信息系统中收集到的信息对某个区域的现状进行评价。

5. 建立快速反应与事后处理机制

突发灾害事件发生时，及时做出反应，采取各项应急措施，包括测报通信、警报系统、疏散计划和

捐款救灾活动

工具、灾后紧急救援计划、指挥系统等，进行灾后应急处理，减少灾害损失，防止衍生灾害发生，对受灾区进行恢复重建，提高各种抗御生态与环境灾害设施的设计标准和技术含量，增强抗御灾害事件再次爆发的能力，避免其再度发生。也可从中总结经验，吸取教训，反馈给预警机制，提高预警精度。这方面主要工作有建立常设性的防治环境灾害的组织管理和协调机构，其成员要以环保为主，包括多门学科的专家，并组织起一支能够快速做出反应的机动队伍。

6. 加强国际合作

环境灾害问题越来越具有全球化、国际化的特点，各国都在努力改善本国的环境质量。但很多问题的解决必须采取国际统一行动，必须注意到各国主权和公平问题，不能以牺牲别国的环境为代价来改善本国的环境状况，也不能放任一些国家对整个地球环境的破坏，这些都不利于全人类的可持续发展。

快速应急救援

大气污染事件的防治

　　大气污染会对人类和其他生物造成危害。20世纪以来，由于大气污染日益严重，已经给人类和生态环境造成巨大威胁，尤其不断发生的公害，使人们认识到保护大气不受污染的重要性。因此，大气污染的防治已成为当今世界所要迫切解决的重大问题。鉴于大气污染源多且其影响面广，常常形成跨越国界的污染，因此防治大气污染必须从区域大气污染状况出发，统一规划并综合运用各种防治措施，才能有效地控制大气污染。

1. 减少或防止污染物的排放

　　减少污染物的排放是防治大气污染的首要措施，减少污染物排放的措施很多，而且容易见效。例如改革能源结构，采用无污染或低污染源的能源，开发和利用太阳能、风能、氢燃料、地热等新能源，改进燃烧装置和燃烧技术，节约能源和开展资源综合利用，采用无污染或低污染的工业生产工艺，加强管理，减少事故性排放和逸散，及时清理和妥善处理工业、生活废渣，减少地面扬尘等，均可减少污染物的排放。

2. 治理排放的主要污染物

　　燃烧过程和工业生产过程在采取上述措施后，仍不可避免地有一些污染物排入大气，这就需要控制其排放浓度和排放总量。主要方法有：改革生产工艺，对废气进行治理，利用除尘装置去除烟尘及各种工业粉尘；采用气体吸收装置处理有害气体；还可应用各种物理的、化学的、物理化学的方法来回收利用废气中的有用物质，或使有害气体无害化。

3. 采用合理的工业布局

工业企业过分集中，污染物的排放量大，大气自然净化就困难，若将工业企业分散布设，污染物排放量小，易于自然净化。厂址选择要考虑地形，应尽量选择在有利于污染物扩散稀释的位置。工厂区和生活区之间要保持合理距离，以减少废气对居民的危害。还可把有原料供应关系的工厂设在一起，相互利用，减少废气的排放量。

4. 采用区域集中供暖、供热

在城市的郊外设立大型热电厂，以高效率的锅炉代替千家万户分散的低矮烟囱群，可以大大提高热利用率，降低燃料的消耗，减轻大气污染。这对于矮烟囱密集、冬天供暖的北方城市来说，是消除烟尘十分有效的措施。

5. 减少交通废气污染

交通废气包括火车、汽车、飞机等排出的废气，其中以汽车废气对城市大气的污染最为严重。目前世界各国都致力于研究减少汽车污染的各种措施，主要是改善发动机的燃烧设计和提高油的燃烧质量，如绿色汽车的研制、无铅汽油的使用等。

6. 种植树木草坪

植物具有美化环境、调节气候、吸附粉尘、吸收有害气体等功能，

工业废气污染着我们的大气

可以净化大气。因此植树、种花、种草是防治大气污染行之有效的办法，有计划、有选择地扩大绿地面积是防治大气污染的一个经济有效的措施。

美化环境多植树

我国政府历来十分重视环境保护工作，为有效地防治大气污染制订了有关的法律、法规，例如《大气污染防治法》、《大气环境质量标准》等，采取各种有力措施，也取得了可喜效果。

人类只有一个地球，应该珍惜它。在不断发展生产的同时要注意保护大气不受污染，以使我们生活的大气永远洁净，天空永远蔚蓝。

大气污染对人体的危害大

大气污染就是指正常的大气中主要含对植物生长有好处的氮气（占78%）和人体、动物需要的氧气（占21%），还含有少量的二氧化碳（I0.03%）和其他气体。大气污染物主要通过三条途径危害人体：一是人体表面接触后受到伤害，二是食用含有大气污染物的食物和水中毒，三是吸入污染的空气后患了各种严重的疾病。

土壤污染事件的防治

土壤污染，危害极大，它不仅会导致大气、水和生物的污染，土壤中的污染物也会直接影响植物的生长，并且土壤污染物被植物吸收后，还会通过食物链危害人体健康。因此预防、治理土壤污染是一个亟待解决的环境问题之一。

1. 预防土壤污染

首先要控制和消除土壤污染源和污染途径。土壤中的污染物虽然种类很多，究其来源，主要来自工业的"三废"排放，农药、化肥的过量施用等，为此可采用下列几方面措施。

（1）控制和消除工业废水、废气、废渣排放这是一项十分重要而艰巨的工作。首先需要改进生产工艺，改进设备，改革原材料等，以减少或消除污染物。如在电镀工业中广泛采用无氰电镀工艺，从根本

工业废水的排放

上解决了含氰废水对环境的污染问题。再如采用闭路循环用水系统，使废水多次重复使用，可以减少工业废水的排放。

减少工业"三废"排放污染的另一方法是对工业"三废"进行回收处理，化害为利，变废为宝。对当前必须排放的"三废"，要进行净化处理，使其实现无害化。要严格控制排放浓度、排放数量，实行污染物排放总量控制。排放工业"废水"时要严格执行《农田灌溉用水水质标准》中的有关规定。

（2）严格控制化学农药的使用。施用农药时往往有大部分农药进入土壤中造成土壤污染，因此必须控制农药的施用量，对于残留量高、毒性大、半衰期长，在环境中会造成长期危害的农药，要尽量淘汰，暂时不能淘汰的要严格控制施用范围、次数和总用量。要大力研制开发高效、低毒、低残留易降解的新农药，探索和推广生物防治病虫害的新途径，尽可能减少有毒化学农药的使用。

（3）合理施用化肥，严格掌握化学肥料的施用对于本身含有毒物质的化肥，施用范围和数量更要严加控制。对硝酸盐和磷酸盐肥料，要合理施用，对硫酸盐类化肥要选择施用，避免滥施滥用，因使用过多造成土壤污染。

（4）加强污灌区的监测和管理利用污水灌溉农田时，要严格掌握水质标准，控制灌溉次数和面积，同时结合土壤环境容量，制定允许灌溉年限或植物品种。加强对污灌区土壤和农产品的监测工作，防止盲目滥用污水灌溉而导致土壤污染。

2.治理土壤污染

土壤一旦被污染，其影响在短时期内很难消除，所以治理土壤污

城市垃圾污染土地

染不是一件轻而易举的事情，往往需要长期的努力，并采取综合治理措施才能奏效。治理措施主要有生物防治、增施有机肥料、施加抑制剂、改革耕作制度等。

（1）生物防治。土壤污染物质可通过生物降解或植物吸收而净化。发现、分离、培育新的微生物品种，以增强生物降解作用，这对于提高土壤净化能力很重要。例如，美国分离出能降解三氯丙酸或三氯丁酸的小球状反硝化菌种；日本研究了土壤中红酵母和蛇皮藓菌，能降解剧毒多氯联苯。另外，某些鼠类和蚯蚓对一些农药有降解作用。羊齿类蕨属植物有较强地吸收土壤中重金属的能力，对土壤中镉的吸收率达 10%，连种多年，可大大降低土壤中镉含量。

（2）增施有机肥料。对于被农药和重金属轻度污染的土壤，增施有机肥可达到较好的效果。因为有机肥可提高土壤的胶体作用，增强土壤对农药和重金属的吸附能力；有机质又是还原剂，可使部分离子还原沉淀，成为不可给态；有机质还能促进增强土壤团粒结构和增加

养分及保水和透气性能，有利于微生物繁殖和去毒作用，提高土壤对污染物的净化能力。尤其对于含有机质少的沙性土壤，采用此法更为有效。

（3）施加抑制剂。轻度污染的土壤，施加某些抑制剂，可改变污染物质在土壤中的迁移转化方向，促进某些有毒物质的移动、淋洗或转化为难溶物质而减少作物吸收。常用的抑制剂有石灰、碱性磷酸盐等。

施用石灰，可提高土壤的 pH 值，致使汞、镉、铜、锌等形成氢氧化物沉淀，还可降低作物对放射性物质的吸收，可降低吸收率的 70% ~ 80%。磷酸汞的溶解度比碳酸汞和氢氧化汞更小，磷酸镉的溶解度也很小，因而施加磷酸盐对消除、减轻汞和镉的危害程度具有重要意义。

（4）改革耕作制度。改变耕作制度，从而改变土壤环境条件，可消除某些污染物的危害。如被滴滴涕污染的土壤，若旱田改为水田，可大大加速滴滴涕的降解，仅一年左右土壤中残留的滴滴涕即可基本

水田

消失。另外，植物对农药的吸收也是有选择性的。因此，采用稻麦或稻棉水旱轮作，是减轻和消除农药污染的有效措施。

　　此外，对于严重污染的土壤，在面积不大的情况下，可采取客土换土法，这是彻底消除土壤污染的有效手段。对换出的污染土必须妥善处理，防止二次污染。另外，还可将污染土壤深翻到下层，埋藏深度应按不同生物根系发育情况而定，以不污染作物为宜。

突发水污染的防治

防治水环境污染必须贯彻"防、治、管"三结合的方针。所谓"防"即预防，就是要把工作做在发生污染之前，以实现不发生污染（零污染）或是使污染控制到最小范围，减少到最小量；所谓"治"即治理，是对污染源进行妥善处理，有效控制，确保污染源所排放的废水污水在排入水体环境之前至少要达到国家或地方所规定的排放标准；"管"则是要通过管理，落实防治措施，并确保水资源得到合理有效的利用。防治水环境污染的主要具体技术与措施包括以下几个方面的内容：

综合防治要做到五个相结合：即水污染防治要与改变经济增长方式及水资源的合理利用相结合；人为的防治措施要与充分利用水环境的自净能力相结合；对污染源的分散治理要与对区域污染的集中控制

被严重污染的河水

相结合；水环境防治工程要与生态环境的建设工程相结合；技术措施与管理措施相结合。

制定并落实水环境的综合防治与保护规划。在制定规划时必须以水环境的分区功能为依据，要分清哪里是源头水及国家级自然保护区（即I类水区），哪里是主要适用于集中式生活饮用水源地的一级保护区及珍贵鱼类保护区和鱼虾产卵场等（即II类水区），哪里是主要适用于集中生活饮用水水源地的二级保护区及一般鱼类保护区和游泳区（即III类水区），哪里是主要适用于一般工业用水及人体非直接接触的娱乐用水区（即IV类水区），哪是主要适用于农业用水及一般景观的水域（即V类水区）。根据水环境的功能区域不同实行不同管理，比如对于饮用水水源地就要优先保护，特别加强管理。

采用控制水环境污染技术。它主要包括：污水三级处理技术（一级物理机械处理、二级生物化学处理、三级深度处理）与建立城市污水处理厂；对废水污水中有用物质通过物理法、化学法或生物法回收利用，既降低了废水污水中的污染物浓度，又充分利用资源、降低生产成本；采用控制耗水技术。它包括采用先进的生产工艺与设备以减少耗水量，通过降低水耗来控制水污染并节约水资源；实行清水与污水分流；重复用水、串级用水、一水多用；闭路循环使用冷却水等等。

贯彻控制水环境污染的各种措施，加强对污染源的管理。如落实排污申报登记与排污许可制度，对污染源逐步由浓度控制向总量控制过渡；严格执行排污收费制度、污染事故报告及处理制度、污染现场检查制度、限期治理污染制度、奖惩制度以及推广无磷洗衣粉等控制水体富营养化等等。

物理性污染的防治

物理运动的强度超过人的耐受限度，就形成了物理污染。物理性污染不同于大气、水、土壤环境污染，后三者是有害物质和生物输入环境，或者是环境中的某些物质超过正常含量所致。而引起物理性污染的声、光、热、放射性、电磁辐射等在环境中是永远存在的，它们本身对人无害，只是在环境中的强度过高或过低时，会危害人的健康和生态环境，造成污染或异常。例如，声音对人是必需的，但声音过强，会妨碍人的正常活动；反之，长久寂静无声，人会感到恐怖，乃至疯狂。

物理性污染亦不同于化学性、生物性污染。物理性污染一般是局部性的，在环境中不残留，一旦污染源消除，物理性污染即消失。

控制噪声污染的措施包括：

（1）控制交通噪声的标准强度。人们常用一个度量单位即国际单位分贝（分贝）表示。年轻人听觉开始的声音强度规定为0分贝；人耳所能忍受的最大声音强度（即震耳发痛）规定为130分贝。据有关部门测定，车外加速噪声一般高达90分贝。机动车辆噪声是城市噪声的主要来源，因而减弱车辆噪声是降低城市噪声的重要环节。国际标准规定，一般住宅区噪声标准定在20~50分贝，工厂的噪声可放宽到70~75分贝。

我国颁布的《声环境质量标准》（GB3096—2008）规定，特殊住宅区如医院、疗养院要求安静，其噪声标准应在45分贝以下，交通干道两侧可达70分贝，但夜间均要求在55分贝以下。

（2）提高汽车整车技术性能。解决汽车的噪声是缩小和消灭噪声源的重要途径。它是一项涉及整个车的全方位的技术问题，包括发动机的结构、材料重量分布、工艺水平及装配密封性等。如控制噪声源；采用吸振、隔音技术，改善汽车结构；把高噪声的喇叭改装成低噪声喇叭；控制噪声的传输路线；在距声源一定的距离设置隔音板、消声器。在车辆的动力和行走系统，

交通车辆

采取相应技术措施，减少运行中的振动，降低噪声等。

（3）加强交通管理措施。合理控制交通流密度。控制现使用车的总量，优先发展公共交通，减少小型机动车的使用。合理控制交通流速度。在需要安静的地区设置限速或者禁止超车标志，可以有效地降低交通噪声。合理设置交通设施。通过设置机动车、非机动车、行人间的隔离设施减少混合交通，从而减少由于车辆频繁停车、加速、制动所产生的噪声。

（4）控制噪声传播。一是种植绿化带，利用绿化带隔音效果较好。植树带宽一般为10~20米，可降低噪声5~8分贝，最高可达10分贝。二是设置隔音屏障，道路两侧为居民区的，可设置隔音屏障（也叫隔音板），效果很好。其一般高为3~5米，长为高的5倍，按此尺寸分段设置。将道路建筑成路堑式是一种简单而有效的措施，通常可降低噪声8~15分贝。

（5）加大宣传教育力度，提高环境法治意识。环境宣传教育是开展好环境保护工作的一项重要手段，

为环境保护执法制造了良好的舆论氛围。只有加强环境宣传教育工作，提高全民的环境法治意识，才能使人们自觉地执行环保法律、法规，正确行使职权，形成全社会共同参与、共同监督的良好氛围。要切实加强对"环境污染防治"的宣传教育，让人们从中了解到噪声对人体的危害及对人们正常生活的影响。提高人们的社会公德意识和治理噪声污染的责任感，使企业自觉地安装污染防治设备，彻底杜绝对周围环境的污染。

（6）严格执行环保审批制度。各项目的布局选址必须符合环境保护要求，必须配套设置隔声防噪的污染防治设施。特别对建筑项目施工单位要严格执行环保审批制度，防止其产生新的噪声污染源。同时，由于噪声污染的特殊性，新建项目产生的噪声必须符合所在区域的环境噪声标准，对原有超标排放噪声的单位需要进行审查。加强交通噪声的管理，要切实加大对交通噪声的监测范围，及时掌握交通噪声污染状况及发展趋势。我们知道交通噪声控制是一个比较复杂的问题，牵涉面广，需要采取综合治理的方案。

城市的噪声来源于方方面面，改善城市噪声环境是一个系统工程，只有联合城市建设者、建筑设计者、

城市交通管制

城市高架路

城市居民的共同力量，才能将噪声污染带给我们的影响降到最低。

比如，尽量减少对汽车的依赖，尤其是对私人小汽车的依赖。在规划时尽量增加公共交通车道，更多地考虑步行交通和非机动车的需要，提倡城市居民多采取这类"减排、减噪"的出行方式。

再如，限定什么样的区域允许噪声达到什么级别，应依据环境保护法细则严格执行。还有，在车速高、重型车多而噪声影响极大的路段，设置更高、更长、更多的屏蔽墙，甚至把城市里的高架路全程封起来。

2. 光污染的防治

光污染按照光波波长分为可见光污染、红外线污染和紫外线污染三类，分别采用不同的防治技术。

主要介绍可见光污染防治。可见光污染中危害最大的是眩光污染。眩光污染是城市中光污染的最主要形式，是影响照明质量最重要的因

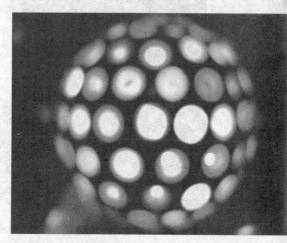

生活中要警惕的光污染

素之一。

眩光程度主要与灯具发光面大小、发光面亮度、背景亮度、房间尺寸、视看方向和位置等因素有关，还与眼睛的适应能力有关。所以眩光的限制应分别从光源、灯具、照明方式等方面进行。

（1）直接眩光的限制：限制直接眩光主要是控制光源在 γ 角为 45° ~90° 范围内的亮度。一般有两种方法，一种是用透光材料减弱眩光；另一种是用灯具的保护角加以控制。此两种方法可单独采用，也可同时使用。透光材料控制法如采用透明、半透明或不透明的格栅

或棱镜将光源封闭起来，能控制可见亮度。用保护角可以控制光源的直射光，做到完全看不见光源，有时也可把灯安装在梁的背后或嵌入建筑物内等。限制眩光通常将光源分成两大类，一类亮度在 2×10^4 坎得拉／平方米以下，如荧光灯，可以用前述两种方法，但由于荧光灯亮度较低，在某些情况下允许明露使用；另一类亮度在 2×10^4 坎得拉／平方米以上，如白炽灯和各种气体放电灯。当功率较小时，以上两种控制眩光方法均可使用，但对大功率光源几乎无例外地采用灯具保护角控制。此时不但要注意亮度，

随处可见的光污染

还应考虑观察者视觉的照度。保护角与灯具的光通量、安装高度有关。

控制直接眩光，除了可以通过限制灯具的亮度和表面面积，通过使灯具具有合适的安装位置和悬挂高度，保证必要的保护角外，还有增加眩光源的背景亮度或作业照度的方法。当周围环境较暗时，即使是低亮度的眩光，也会给人明显的感觉。增大背景亮度，眩光作用就会减小。但当眩光光源亮度很大时，增加背景亮度已不起作用了，它会成为新的眩光源。因此，为了减小灯具发光表面与邻近顶棚间的亮度差别，适当降低亮度对比度，建议顶棚表面应有较高的反射比，可采用间接照明，如倒伞形悬挂式灯具，使灯具有足够的上射光通量。经过一次反射后使室内亮度分布均匀。浅色饰面通过多次反射也能明显地提高房间上部表面的照度。

（2）反射眩光和光幕反射的限制：高亮度光源被光泽的镜面材料或半光泽表面反射，会产生干扰和不适。这种反射在作业范围以外的视野中出现时叫做反射眩光；在作业内部呈现时叫做光幕反射。反射光的亮度与光源亮度几乎一样，在观察物体方向或接近物体方向出现的光滑面包括顶棚、墙面、地板、桌面、机器或其他用具的表面。当视野内若干表面上都出现反射眩光时，就构成了眩光区。反射眩光常比直接眩光讨厌，因为它紧靠视线，眼睛无法避开它，而且往往减小工件的对比和对细部的分辨能力。一般情况下出现的反射眩光和特殊情况下出现的光幕反射，不仅与灯具的亮度和它们的布置有关，而且与灯具相对于工作区域的位置以及当时的照度水平有关，此外还取决于所用材料的表面特性。

防止反射眩光，首先，光源的亮度应比较低，且应与工作类型和周围环境相适应，使反射影像的亮度处于允许范围内，可采用在视线方向反射光通量小的特殊配光灯具。其次，如果光源或灯具亮度不能降到理想的程度，可根据光的定向反射原理，妥善地布置灯具，即求出反射眩光区，将灯具布置在该区域以外。如果灯具的位置无法改变，可以采取变换工作面的位置，使反射角不处于视线内。但是，这种条件在实际上是难以实现的，特别是在有许多人的房间内。通常的办法是不把灯具布置在与观察者的视线相同的垂直平面内，力求使工作照明来自适宜的方向。再次，可增加光源的数量来提高照度，使得引起反射的光源在工作面上形成的照度，在总照度中所占的比例减少。最后，适当提高环境亮度，减少亮度对比同样是可行的。例如，在玻璃陈列柜中照度过低，明亮的灯具反射影像就可能在玻璃上出现，衬上黑暗的柜面作背景，就更突出，影响观看效果。这时，用局部照明增加柜内照度，它的亮度接近或超过反射

影像，就可弥补有害反射造成的损失。由于柜内空间小，提高照度较易办到。对反射眩光单靠照明解决有困难时，要精心设计物体的饰面使地板、家具或办公用品的表面材料无光泽。

光幕反射是目前被普遍忽视的一种眩光，它是在本来呈现漫反射的表面上又附加了镜面反射，以致眼睛无论如何都看不清物体的细节或整个部分。

光幕反射的形成取决于：反射物体的表面（即呈定向扩散反射，如光滑的纸、黑板及油漆表面）、光源面积（面积越大，它形成光锥

大屏幕光污染

的区域越大）、光源、反射面、观察者三者之间的相互位置以及光源亮度。为了减小光幕反射，不要在墙面上使用反光太强烈的材料；尽可能减少干扰区来的光，加强干扰区以外的光，以增加有效照明。干扰区是指顶棚上的一个区域，在此区域内光源发射的光线经作业表面规则反射后均可能进入观察者视野内。因此，应尽量避开在此区域布置灯具，或者使作业区避开来自光源的规则反射。

眩光是衡量照明质量的主要特征，也是环境是否舒适的重要因素。应按照限制眩光的要求来选择灯具的型号和功率，考虑到它在空间的效果以及舒适感，使灯具有一定的保护角，并选择适当的安装位置和悬挂高度，限制其表面亮度。同时把光引向所需的方向，而在可能引起不舒适眩光的方向则减少光线，以期创造一个舒适的视觉环境。

2. 红外线、紫外线污染防治

红外线近年来在军事、人造卫星、工业、卫生及科研等方面应用较多，因此红外线污染问题也随之产生。红外线是一种热辐射，会在

红外线电磁灶

人体内产生热量，对人体可造成高温伤害，其症状与烫伤相似，最初是灼痛，然后是造成烧伤。还会对眼底视网膜、角膜、虹膜产生伤害。人的眼睛若长期暴露与红外线可引起白内障。

过量紫外线使人的免疫系统受到抑制，从而导致疾病发病率增加。紫外线对角膜、皮肤的伤害作用十分严重。此外，过量的紫外线还会伤害水中的浮游生物，使陆生物（如某些豆类）减产，加快塑料制品的分解速度，缩短其室外使用寿命。

对这两种类型的污染的控制措施有两方面：

（1）对有红外线和紫外线污染的场所采取必要的安全防护措施。应加强管理和制度建设，对紫外消

毒设施要定期检查，发现灯罩破损要立即更换，并确保在无人状态下进行消毒，更要杜绝将紫外灯作为照明灯使用。对产生红外线的设备，也要定期检查和维护，严防误照。

（2）佩戴个人防护眼镜和面罩，加强个人防护措施。对于从事电焊、玻璃加工、冶炼等产生强烈眩光、红外线和紫外线的工作人员，应十分重视个人防护工作，可根据具体情况佩戴反射型、光化学反应型、反射－吸收型、爆炸型、吸收型、光电型和变色微晶玻璃型等不同类型的防护镜。

仅仅有防止各类光污染的技术

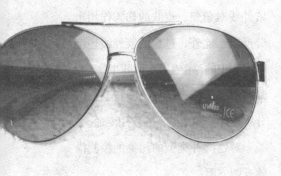

紫外线防护眼镜

还是远远不够的，治理光污染，这不单纯是建筑部门和环保部门的事情，更应该将其变成政府行为，只有得到国家和政府部门的足够支持和协助，我们才能够有理有据的防治光污染，才能更好地限制光污染的发生，解决光污染问题。

从政府管理决策的角度上来说，针对光污染的防治要做好两点：

首先，要尽快制订光污染防治的法规。目前我国还没有专门防治光污染的法律法规，也没有相关部门负责解决灯光扰民的问题。国外一些国家已经有了针对光污染的一些法律条文。虽然对玻璃幕墙的建设已经制定了一些规范，并且也取得了一定的防治光污染的效果。但大量的其他光污染源仍然没有明确的法律法规来约束。

其次，要加强建设、设计管理。防治光污染应做到事前合理规划，事后加强管理。合理的城市规划和建筑设计可以有效地减少光污染。限建或少建带有玻璃幕墙的建筑并尽可能避开居民居住区。装饰高楼大厦的外墙、装修室内环境以及生产日用产品时应尽量避免使用刺眼的颜色。已经建成的高层建筑尽可能减少玻璃幕墙的面积并避免太阳光反射光照到居民区。应选择反射系数较小的材料。加强城市绿化也可以减少光污染。对夜景照明,应加强生态设计,加强灯火管制。如区分生活区和商业区,关闭夜间电影院、广场、广告牌等照明,减少过度照明,降低光污染和能源损失。

世界各国全面、系统的光污染研究尚在起步阶段,光污染的认定缺乏相应的法律和可供参考的环境标准。其对人体和环境的影响在短期内不易被觉察,目前主要采取预防为主的防治方法。

日本各地相继出台防治光污染的条例,推广诸如安装向路面聚光的街灯,实施禁止探照灯向空中照射等各种防治光污染的措施。最早出台防止光污染条例的是冈山县,该县规定禁止使用探照灯向空中照射,违反者将受到处罚。熊本县城南町从去年开始安装一种路灯,其光源外装有反光板,上方不漏光,由于反光板的聚光作用,灯光不再四处扩散,而路面却变得更加明亮,同时还能节约能源。

聚光的街灯

德国采取种种有效措施来降低光污染程度。在许多城市已使用光线比较柔和的水银高压灯代替容易诱引昆虫的钠蒸气灯,对昆虫的诱引率降低了90%。新一代经过改进的钠蒸气灯降低了功率,采用了让人舒适的光色,对固定照明设计进行合理的遮盖,并将散射光的圆形灯改为不散光的平底灯,让灯光照向需要照射的地方,照向天空的光源都得到了纠正。为了避免昆虫和鸟类误撞灯体而死亡,发明了可调节光线强度的技术,并根据昆虫和鸟类活动的规律安装了警戒装置等。

3. 热污染的防治

造成热污染最根本的原因是能源未能被最有效、最合理地利用。随着现代工业的发展和国民经济的不断增长，环境热污染将日趋严重。然而，人们尚未用一个量值来规定其污染程度的严重性。这表明人们并未对热污染给予足够的重视。为此，全球许多科学家都呼吁相关部门应尽快制订环境热污染的控制标准，并采取行之有效的措施防治热污染。

（1）科学规划，加大绿化工程的建设。对污染特别严重的地区要加强绿化面积，西欧许多国家的城市、房顶、墙壁都利用起来做绿化，可以在房顶上种植花草，在墙壁上种植爬山虎等植物。大量种植植被可以使植物不断地从周围环境中吸收大量的热量，从而降低空气的温度。据相关林业部门的专家统计，每公顷的绿地每天能从环境中吸收相当于1890台功率为100瓦的空调的热量。此外，绿化植物可以滞留空气中的尘埃，而空气中的粉尘等悬浮颗粒物带有大量的太阳热辐射，经过绿化植物的净化后，空气中的含尘量会大大地降低，并且空气的温度也会相应地降低，从而减少了

园林绿化

热污染；需要通过建立生态系统，并进行系统分析，采取合理的规划用地、绿化等措施，最后得出最优化的绿化率指标；要改善热环境，需建立良好的绿化系统。在布局规划时就要确定合理的绿化率，充分发挥森林植被和水体作用。

（2）综合利用废热。减少热污染的最主要措施就是要充分利用工业的余热。生产过程中产生的余热种类繁多，有高温烟气余热、高温产品余热、冷却介质余热和废气废水余热等，而这些余热都是可以利用的二次能源。我国每年可利用的工业余热相当于 5000 万吨标煤的发热量。在冶金、发电、建材、化工等行业，可以通过热交换器利用余热来预热空气、原燃料，干燥产品，供应热水等。此外还可调节水田里的水温以防止冻结。对于压力高、温度高的废气，要通过汽轮机等动力机械直接将热能转为机械能。对于冷却介质余热的利用方面主要是电厂和水泥厂等冷却水的循环使用，改进冷却方式，减少冷却水排放。

（3）利用城市生态学方法改善热环境。城市生态学方法是通过调节城市生态系统内生物群落和周围环境之间的相互作用而改善城市热环境的一种方法。改善城市热环境的任务就是对城市生态系统施加有益影响，建立合理的热平衡系统结构，创造舒适的热环境。鼓励进行生态住宅建设，发展生态建筑。所谓生态住宅就是最大限度地利用自然资源来维持运行的住宅，如夏季降温、夜间照明、冬季供热都依靠太阳能。生态住宅的支持核心是太阳能技术，即如何有效、廉价地将太阳能转化为电能并予以储存使用。

（4）采用系统综合利用的方法防治热污染。我们需要制定排放标准，加强热污染的管理，对温室气体及废热水的排放加以限制。强化环境监测系统。依托科技，改善能量利用率，加强点源余热的综合利用来防治热污染。例如，发电厂采用新的技术，提高发电效率，减少废热排放；改善车间冷却方式，使冷却水达到排放标准。另外，综合利用排水中携带的巨大潜在热能，在水产养殖、农业及林业等领域运用生态学能量转换原理来充分利用排水的余热，变废为宝。美国、德

水产养殖

国以及前苏联等许多国家，利用排水余热开展水产养殖业已取得了相当多的成果，而且他们还发展了以生产电能和供热为双重目的的电厂。瑞典在许多城市的市区都装备了利用电厂排水余热能的供热体系，使电厂的热效率提高很多。在美国的俄亥俄州，有人采用铺设地下管道的方法把温排水余热输送到土壤中，用加温土壤来促进作物的生长或延长作物的生长时间，进而增加产量。

总的来说，人类要生活就永远离不开热能，所以人类面临的最重要的问题就是在利用热能的同时如何去减少热污染。解决问题的关键就是需要在源头和途径上考虑。在源头上，应该尽可能地多使用风能、太阳能、潮汐能等绿色能源。工业推动了文明，也影响了我们的环境。热机的使用，使我们人类可以将化学能转化为机械能、电能，但我们也相应地付出了沉重的代价，那就是大量热能的散失和一些有害气体的排放。在热能的转化途径方面，各工厂以及我们平时生活中在热能的利用上，都应该提高热能的转化效率和使用效率，携手把排放到大气中的热能和二氧化碳降低到最小量。既要做到节省能源，又有利于我们赖以生存的环境。

锻造机械手

随着人口的增长和工业的发展，必然会有更多形式的多余热量释放到环境中，环境热污染将会日趋严重，对人类及其生存环境的危害也会越来越大。因此，人类在合理利用能源的同时，必须增强环保意识，注意控制热污染，保护人类的生存环境。

4. 振动污染的防治

锻造机重锤端部高速锤打工件，会产生很强的冲击振动，经常用空气弹簧隔振。但像锻造机这类产生强烈冲击的机械，仅用空气弹簧，其阻尼不够，一般要以叠板簧的滞后进行补偿。因此在用空气弹簧时，要用惯性基座，并配合使用能兼作支承部件的叠板簧。

采用空气弹簧隔振时要注意保护空气弹簧的气室不受物理损伤，避免锻造作业时灼热的铁屑和油滴飞溅落入空气弹簧的气室内，通常在沟槽部位都设有罩盖，防止减振效果受到影响。

锻造机常用叠板簧直接支承防振装置。利用叠板簧的弹性和滞后产生的阻尼，在锻造机周围安装叠板簧，用起吊螺栓悬挂台架，再将锻造机置于台架上。需要惯性基座时，就将台架和惯性基座合为一体。悬挂基础由于在靠近底部处安装弹簧，这不仅检修弹簧方便，还可通过调整起吊螺栓，使弹簧均匀承载，并能调节高度。但由于部件密集、基础加深造成土建成本高等原因，近年来仅限用于大型锻造机。

上述各种形式适用于新设备的安装和搬迁，但对已有设备作防振处理，则停机时间长，基础改造费用高。解决的对策是利用现有基础，设置能在狭窄空间使用的碟簧方式。这仍属直接支承形式，只是将叠板簧换成碟簧，通过碟簧的不同组合，能使弹簧常数和阻尼与预期值相符合。不过，碟簧与叠板簧不同，本身没有承受砧座横向位移的功能，故需要采用导辊。

5. 交通振动污染防治

（1）地铁减振措施。地铁由于采用地下线路，地铁列车运行产生的振动成为其最主要的污染。

根据国内主要城市地铁振动监测结果，在标准线路条件下的地铁振动源强为 870 ~ 874 分贝。地铁振动轨下峰值频率在 40~100 赫兹，隧道振动速度级峰值一般出现在 40~80 赫兹。

地铁振动在土壤介质传播中获得的衰减由两部分组成，一部分是由于土壤内部结构的变化而引起阻尼衰减，另一部分则是由于距离的增加而引发的辐射衰减。其中辐射衰减是传播衰减的主要贡献者，其简单定量计算目前国内主要是采用经验公式进行。阻尼衰减相对较小，在地铁影响范围内，衰减量一般小于 5 分贝。不同建筑物对振动的响应是不同的。一般而言，重量大、基础好的建筑物对振动有较大的衰减；而重量轻、基础差的建筑物对振动产生放大作用。

为防止地铁振动污染，选线与城市规划时应注意防振对策。

线路走向尽量与城市高速路、主干道或次干道相重合。这样一方面地铁线路在道路下面选线布局有较大的余地，能尽量减少对地表敏感建筑物的影响；另一方面，上述道路两侧商业、公共福利性建筑较多，基础好的建筑多，不易产生振动环境影响问题。

合理控制地铁线路两侧建筑物类型和建设距离，同时按项目环境

地铁

影响评价的要求预留相应的防护距离,并加强建筑物的抗振性能。

在轨道交通规划布局中,应充分利用振动波的天然屏障,如河流、高大建筑物等,来阻隔振动的影响。

(2)车辆减振措施。车辆轻型化:根据日本轨道交通的研究成果,车辆轴重与振动加速度级存在以下关系:

$$\triangle L = 20 \lg (W_1 / W_0)$$ 式中:

W_1——车辆轻量化后的轴重;

W_0——车辆轻量化前的轴重。

由式可知,当车辆轴重由16t减至11t时,车辆产生的振动约降低3分贝。

车轮平滑化:通过采用弹性车轮、阻尼车轮和车轮踏面打磨等车轮平滑措施,可有效降低车辆振动强度。

弹性车轮一般是在车轮的轮箍与车圈间用弹性材料(如天然橡胶块)分开,其主要作用是减少或消除滑动振动;阻尼车轮主要是在车轮的轮箍上采用阻尼结构,其作用原理主要是利用阻尼材料把车轮的振动能转换成热能,从而达到降低振动的目的；车轮在运营一段时间后，踏面就会出现不同程度的粗糙面。当踏面出现长度大于18毫米的一系列粗糙点时，就应对车轮进行修整。试验表明打磨后的光滑车轮可降低振动10分贝。

（3）轨道结构减振措施。采用重型钢轨和无缝线路重型钢轨不仅能增强轨道的稳定性，减少养护维修工作量和降低车辆运行能耗，而且能减少列车的冲击荷载。资料表明，车辆在60千克/米钢轨上运行产生的振动较50千克/米钢轨降低10%。

车辆在钢轨接头处产生的振动是非接头的3倍，因而铺设无缝线路，减少钢轨接头，可大大减少地铁振动源强。

扣件减振措施：扣件除能固定钢轨，阻止钢轨的纵向和横向位移，防止钢轨倾覆外，还能提供适量的弹性，具有较好的减振效果。

国外已较早地研究了在轨道与地基之间的装置减振器，德国设计出了称为"科隆蛋"的专利产品。目前，常用的有科隆蛋减振器（可减少3~5分贝）、改进型科隆蛋减振器（可减少7~8分贝）和新型减振弹性扣件。

道床减振措施：地铁工程受隧

轨道

道净空和维修作业的要求，普遍采用整体道床。其中一般减振地段采用短枕式或长枕式整体道床结构形式，较高减振地段采用弹性整体道床，特殊减振地段采用浮置板道床。

6. 放射性污染的防治

在产生放射性污染的各污染源中，放射性同位素所产生的射线主要是通过外照射危害人体的，对此应加以防护。而对核工业等工业生产中所产生的放射性废物，也会通过各种途径来危害人体，对这些放射性废物必须加以处理和处置。

对于放射性废物中的放射性元素，现在还没有有效的办法将其处理，并使其放射线消失。因此，我们只能将其封闭、填埋等。目的就是利用放射性元素自然衰减的特性，对其进行长时间的封闭，从而使放射性强度渐渐地减弱，消除辐射造

预防放射性污染

成的污染。对于放射性的废气，要分为低放射性的废气和半衰期长的放射性废气来分别处理。前者一般可以通过高烟筒直接稀释排放，后者则需要经过一定的处理，如用碱液吸收去除放射性。对低、中水平液体废物经浓缩处理后，贮存在碳钢或不锈钢容器中，待固化处理。固化方法主要是水泥固化和沥青固化。我国对中、低水平放射性固体废物的处置方针是"区域处置"。

保护环境从我做起

"保护环境，人人有责"，既如此，就要首先从我做起，先是要树立与提高环境意识，建立并强化生态观念，进而确立与实践可持续发展的思想，并进一步在这些意识、观念和思想指导下用各种具体的实际行动来保护我们所赖以生存的环境。

1. 什么叫环境意识

通常讲的意识，是指人的思维、感觉等主观反应过程的总和。客观存在决定意识；当然，意识又可以反过来作用于存在。所以，存在与意识之间是一种辩证的关系。

环境意识是环境保护意识的简称，它是指人们对于自然环境、社会环境以及二者之间的关系，人与各种环境之间的关系，以及如何保护环境等客观存在所产生的看法和见解。这些看法和见解包括了感觉、情感、意志、思想、理论等各种观念形态。也可以简单理解为，环境意识就是指人们对保护环境的看法与见解。

人类的环境意识，是在保护环境的各种活动中产生和不断得到强化的。它首先源自对环境遭受污染和破坏后所造成的种种影响及产生的种种恶果进行的反思并进而导致的觉醒。随着对环境变化规律、环境结构与功能等认识的不断深化，以及对人类可持续发展的关注，使得人们的环境意识从树立到提高得以不断强化。

我们每个人只有在树立与不断提高了环境意识之后，才可能自觉地去进行种种保护环境的实践行动，以共同保护我们大家所赖以生存的美好家园——人类地球村；才可能实现我们人类和自然环境和谐相处、共同持续发展。因此，环境意识是实现保护我们依存的环境与实施可持续发展战略的最基本条件。

2. 环境意识所包含的内容

环境意识从没有到树立和提高，有一个不断发展和深化的过程，也就是有一个从毫无环境意识到有环

每个人为城市美容出一份力

境意识，从仅具浅层的环境意识到有深层环境意识的发展过程。通常认为，环境意识至少包含以下七个方面的内容，即：环境价值观、环境行为观、环境科技观、环境伦理观、环境污染观、环境人口观和环境资源观。

（1）环境价值观。在人类发展的漫长过程中，人作为大自然的一个物种，是在与恶劣的自然条件拼搏中，以及与其他物种你死我活的"斗争"中求得了生存与发展，因而人类长期以来逐渐萌生了人类中心主义价值观，认为人是最伟大的，是大自然的征服者与主宰者，而环境则是无任何价值的，可以"任我所取、为我所用"。环境意识产生后才改变了这种看法。浅层环境意识已认识到环境的外在价值，即它是人类生存与发展的基本条件与物质基础，因而它对人类而言是有价值的。深层环境意识则更进一步，不但肯定它对人类具有价值，而且认识到自然环境也具有内在价值，即自然环境对于地球的生命、对自然环境本身的存在与持续发展也具有价值。所以深层环境价值观才是

081

真正的环境价值观。正是由于人类进步产生了环境价值观，才导致了可持续发展观念的产生。也就是说，正是由于认识到自然环境对于人类、对于地球生命以及对于自然环境本身的存在与持续发展都具有重大价值，才可能导致人们关于人类与大自然可持续发展观念的产生与觉醒。

（2）环境行为观。在环境意识产生之前，人类对于环境的行为往往肆无忌惮，既任意索取、恣意挥霍，又任意弃置、放浪形骸，从而导致始于19世纪的一次又一次生态灾难与生态危机。环境意识产生后，认识到人类对环境的行为要有节制性，在向大自然索取时要限制在生态系统所能承受的范围之内，以保持大自然环境的平衡。这是浅层环境行为观的认识水平。而深层环境行为

美丽大自然

观认为，要保护环境，光消极的节制还不够，要发挥人类积极主动的创造精神与启动人类的伟大智慧去创造新的行为方式。比如，在环境意识产生之前，人类猎杀动物是毫无顾忌的，往往食其肉之后，将其毛皮制裘制革，将其骨骼、器官入药，人类的这些环境行为是一些动物物种濒临灭绝乃至已经灭绝的重要原因之一。环境意识产生之后，人类便将各种野生动物划分成若干个保护等级，最珍稀、存活数量最少的属一级野生保护动物，是绝对不允许猎杀的，如大熊猫、中华鲟、华南虎、长江白鳍豚等等；虽目前存活的数量稍多，但也是不许捕杀的为二级野生保护动物，如穿山甲等等。这些都还是属于节制性的环境行为，因此还属于浅层的环境行为观。深层环境行为观就不满足于上述限制捕杀的节制性，而是在限制性环境行为的基础上进一步发挥人类的创新精神，或是想方设法先人工饲养而后野外放生，让其恢复野性和繁衍；或是设立自然保护区，让其在广阔的保护区域里自然繁衍；甚至设法进行"克隆"，以挽救濒

危物种。显然，这些浅层环境行为观再加上进一步深化的深层环境行为观所导致的环境行为，对于保护环境中生物物种将发挥很大的作用和产生非常深远的影响。

（3）环境科技观。传统的科技观念主要把注意力集中在创立新理论、发明新东西和制造新产品上面，并不注重它们的环境效果，这是近一个世纪以来随着科技的迅猛发展环境污染与破坏显著加剧的重要原因。浅层环境科技观在注意创新、发明、开发新产品时，还注重对"三废"的控制和利用，通过控制和利用"三废"达到控制和治理污染以达到净化环境的效果。而深层环境科技观则不满足于对污染的控制和治理，而是强调发展"生态化"的科技新模式，即发展"绿色科技"，以便使科技发展与生态平衡相和谐，科技发展不但不以破坏生态为代价，而且更有利于保护环境。比如，以深层环境意识的环境科技观为基础产生的"绿色化学"，是"绿色科技"的重要组成部分。"绿色化学"不满足于对化学过程完成后产生的污染进行治理，而是设法在化学过程开始时就注意让它不出现污染从而实现零污染；它不满足于对化学过程中所排放出的"三废"进行再利用，而是设法用新的反应来实现有效利用反应过程中的每一个原子，不产生副反应，不排放出"三废"，做到既不污染又节约资源的具有高度经济性的"原子节约"，从而使"绿色化学"创造了一种新的化学行为。

（4）环境伦理观。伦理，原意是指人与人相处的各种道德准则。比如，中国封建社会人与人相处的道德准则是"三纲五常"、"三从四德"、"忠孝节义"等；而西方资本主义社会虽标榜"民主"、"自由"、"平等"、"人权"等为其道德准则，但实则以"利己主义"、"金钱交易"等为其待人之道。在环境

大熊猫

意识产生之后，环境伦理作为一种新的伦理便也随之诞生。环境伦理作为人类可持续发展的一种新的世界道德准则，解决的不仅是人与人相处的社会关系问题，而且把道德对象的范围扩展到人类与整个大自然的生态关系，成为人类与整个自然界间的道德准则。在这里，浅层环境伦理观与深层环境伦理观的区别在于，前者仅以人为中心，一切离不开人类利益这个目标，人类是唯一得到道德待遇的物种；而后者则超出人类中心主义这个范畴，认为这个地球既然不只是人类的财产，我们人类与其他生物都生活在地球村这个共同的家园中，那么就必须同时关注构成地球生物圈数以千万计物种的利益，必须把道德原则从人类领域扩大到一切生物与自然界，使新的道德原则不仅以人类的利益为目标，而且以人类与自然和谐发展为目标。

（5）环境污染观。如前所述，在人们的环境意识产生之前，并没有形成环境污染的概念，生活或生产过程所产生的"三废"随意排放，随地大小便、随地吐痰、乱扔垃圾等更是司空见惯，不但造成环境卫

关注自然与生物

废水污染

生极差，而且严重危害了环境以及人类自身的健康与生存。这也是20世纪以前人类平均寿命较短的一个重要原因。环境意识产生之后，浅层的环境污染观认为要发展经济，免不了要产生污染，即污染是不可避免的，因此同意"先污染，后治理"，并把这当做是"客观规律"。而对于已产生的污染，则主要关注的是污染物排放的监测控制与净化处理，如对污染物排放监测的管理以及对"三废"的再利用等等，以此来保护环境少受污染的危害。而深层的环境污染观则认为环境污染并不是不可避免的，只要有环保意识，思想重视，政策正确，方法得当，

措施有力，采用绿色科技，可以实现"三废"的零排放，杜绝污染，正如前面讲的"绿色化学"那样，也正如现在出现的"绿色食品"、"生态农业"那样，在发展经济的同时实现保护环境，达到经济效益、社会效益、环境效益的三统一。

（6）环境人口观。在人类社会发展的长河中，由于种种原因，形成了"人多力量大"、"人多好办事"等传统人口观，因而往往把节制生育与堕胎看成是"十恶不赦"，予以禁止与反对。直到目前人类进入21世纪，仍有一些西方发达国家以"人权"为借口在法律上视堕胎为非法。这使得在20世纪仅一百年的

中国人口多

时间里世界人口约翻了两番，是从十几亿剧增至六十几亿的重要原因之一。对于世界性人口急剧增长所构成的全球环境问题，浅层环境人口观认为人口急剧膨胀对环境的容许负荷已形成了极大压力，因而人口的发展要有节制性，提倡节育以控制人口的数量。深层环境人口观则更多地把人看成是最宝贵的资源，因为我们人类社会的发展，什么都离不开人，"以人为本"，所以既重视控制人口的数量，更重视提高人口的质量，所以除了提倡节制生育外，还提倡优生优育和发展教育以提高人口的素质，从根本上解决世界人口问题。

（7）环境资源观。我们人类虽然在原始的渔猎文明时期曾匍匐于大自然脚下祈求大自然的恩赐，在农业文明时期能与大自然进行一些抗争，但到工业文明时期，由于科学技术高度发达，便把自己高踞于大自然之上，以大自然的"征服者"自居，无节制地滥肆开发与挥霍浪费自然资源。因此，环境意识产生之后，浅层环境资源观主张要限制使用环境资源。而深层环境资源观则认为在节制对资源尤其是对不可再生资源开发的同时，更要注重对资源的有效利用，提倡通过发展绿色科技和进行绿色消费来达到节约资源与保护环境的目的。

第四章

突发性水污染防范自救

突发性地表水污染主要发生在有毒化学品、放射性物质的生产、运输、贮存过程中，由于管理、操作不当，使这些物质泄漏扩散到地表水中，造成水环境污染；也可能是在企业的生产过程中，非正常大量排放废水造成的水污染。一旦发生突发性地表水污染事件，在第一时间充分了解污染物的性质、自救与防护方法是十分必要的。

有毒化学品水污染

记录在案的化学品有 600 万种，在环境中传布的约 6 万种，美国 1973 年登记的有毒化学物质已达 25043 种。排入水体危害严重而受到人们特别关注的主要化学毒物是重金属、有机农药、氰化物、酚类化合物、多氯联苯和稠环芳烃等。

常见的重金属毒物如汞、铅、镉、铬、镍等，它们具有毒性大，在环境中稳定以及能在生物体中富集和在人体中积累的共同特点。甲基汞能对人体的肝、肾和脑组织产生损害。汞还能与人体中一些重要酶类结合，使酶失去活性，造成人体物质代谢失调。铅中毒会造成骨髓造血系统和神经系统的损害，伴随着头晕、疲乏、记忆力减退和失眠等症状。镉能蓄积在人体的肾、肝之中，破坏肾脏中酶系统的正常功能，损伤肾小管以及引起骨骼软化，易脆易折，疼痛异常。铬的化合物可引起皮炎、鼻中隔穿孔等，并有致癌、致畸、致突变的潜在可能性。

农药包括有机氯、有机汞、有机磷等。有机氯农药中的 DDT、六六六等已成为全球性污染物。有机磷可导致肝脏肿大、肝功能异常和引起神经传导生理功能紊乱，尚

化学品水污染

且有"三致"作用。国际癌症研究机构根据动物实验确证，18 种广泛使用的农药具有明显的致癌性，还有 16 种显示潜在的致癌危险性。据估计，美国与农药有关的癌症患者数是约占全国癌症患者总数的 10%。

无机毒物中有代表性的是氟和亚硝酸盐。过量摄入氟会导致人体钙磷代谢紊乱，引起低血钙、氟斑牙、氟骨症等。亚硝酸盐不但在血液中产生正铁血红蛋白症，并能和二级胺、三级胺作用生成具有强烈的致癌物质。

有机毒物主要是酚类和氰化物。

酚属高毒物质，高浓度时可使蛋白质沉淀，低浓度时可使蛋白质变性，主要作用于神经系统，引起蓄积性慢性中毒，可使人发生头晕、贫血等症状。河水中酚浓度高能使鱼类

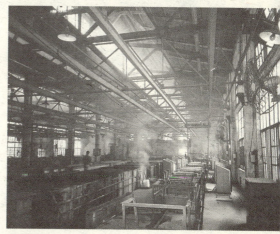

电镀厂房

中毒死亡，酚浓度低也使鱼带有酚味。含酚浓度为0.001毫克/升的水，加氯处理时，生成具有臭味的氯酚。

氰化物作为剧毒物质，在工农业生产中应用广泛，尤其是电镀工业常用氰化物。

有机耗氧性水污染

有机物对水体污染的特征表现在消耗水中的溶解氧。当企业发生非正常大量排放废水进入地表水后，最主要的影响就是有大量易生物分解的有机物进入水体，其结果势必引起水中溶解氧急剧下降，从而影响鱼类和其他水生生物的正常生长。一般认为渔业水中的溶解氧不得低于3毫克/升。此外，溶解氧低于3毫克/升时，厌氧微生物大量繁殖，使有机物的好氧分解过程转入厌氧分解，所产生的甲烷、硫化氢等不但对鱼类有毒，而且使水体发臭，影响水体的使用。

什么是放射性水污染

放射性污染是指人类活动排放出的放射性污染物，使水环境的放射性水平高于天然水体或超过国家规定的标准。核工业、核电站、核燃料后处理、核试验以及放射性同位素应用等，都会释放出放射性物质。例如 90Sr、137Cs、131I、239Pu、228Ra 等核素半衰期长、毒性大，它们损伤机体的功能，引起白血病、癌症和缩短寿命，或作用于人类生殖细胞的染色体、DNA 或 RNA 等，引起遗传影响。

各种污染物进入水体之后，由于各种水体的物理、化学条件不同，随之会产生一系列物理、化学和生物化学的变化，并随水体和水中生物迁移。

重金属污染物进入水体以后，不会被分解破坏，只会受水体的物理化学条件的影响转变其物理和化学形态、价态，显示出不同毒性，并影响重金属在水体中迁移。重金属在水体中的主要反应有以下几个方面：

重金属化合物的沉淀—溶解作用重金属化合物在水中的溶解度可以表示其在水环境中的迁移能力。溶解度大者迁移能力大，溶解度小者迁移能力小。重金属在水中反应生成的氢氧化物、硫化物、碳酸盐

環境杀手

突发环境污染的防范自救

等的溶解度小，易于生成沉淀物转入固相，沉积于底泥中。如果重金属化合物是离子键化合物，则溶解度较大，在水中迁移能力强，污染的范围相对较广。

胶体对重金属离子的吸附作用水环境中的胶体可分为三大类：①无机胶体，包括各种次生的矿物胶粒和各种水合氧化物；②有机胶体；③有机—无机胶体复合体，重金属与水中胶体发生吸附、离子交换、凝聚、絮凝等胶体化学过程。与各种胶体相结合的重金属物质常达其含量的 60%~90% 以上。对重金属的迁移转化产生重要影响。

配位体对重金属的络合、螯合作用天然水体中存在两类配位体，无机配位体中重要的有 OH–、C1–、CO32–、HCO3–、F–、S2– 等；有机配位体有氨基酸、糖、腐殖酸、洗涤剂、NTA、EDTA、农药和大分子环状化合物。配位体能与重金属离子形成稳定度不同的络合物或螯合物，对重金属离子在水环境中的迁移有很大影响。当形成难溶于水的螯合物时，降低了重金属的迁移能力，形成易溶于水的螯合物时，提高了重金属的迁移能力。

重金属在水环境中的氧化还原作用水体的氧化还原条件对金属的价态变化和迁移能力会产生很大影响。一些金属元素在氧化环境中具有较高的迁移力，而另一些金属元素在还原条件下的水体中更容易迁移。例如

放射性水污染

重金属水污染

铬、钒等元素在高度氧化条件下形成易溶的铬酸盐、钒酸盐。相反地，如铁、锰等元素在氧化条件下形成溶解度很小的高价化合物（Fe^{3+}、Mn^{4+}），很难迁移；而在还原条件下形成易溶的低价化合物（Fe^{2+}、Mn^{2+}），很易迁移。

某些重金属价态的变化也相应地引起毒性变比。例如，氧化条件生成的 Cr^{6+} 比还原条件下生成的 Cr^{3+} 毒性大得多；As^{3+} 比 As^{5+} 的毒性大。

重金属的生物转化在厌氧微生物的作用下，可以使某些重金属甲基化，例如，甲基钴氨素能使无机汞转化为甲基汞和二甲基汞；砷的化合物在同样条件下，也可能生成二甲基砷。生成的甲基化合物毒性更大，对水体污染更严重，由于其脂溶性强，可以通过食物链在生物体内逐渐浓集，最后进入人体。

生物富集当重金属污染物进入生物体内以后，可以在生物体内逐渐蓄积，然后绎过食物链的传递作用，在较高营养级的生物体内高度富集，其富集系数可达几千、几万乃奎数十万倍。

什么是健康饮用水

目前还没有一个公认的定义，一些专家经过研究提出：健康饮用水是指在满足人体基本生理功能和生命维持的基础上，长期饮用可以改善和增进人体生理功效，增强人体健康，更能进一步提高生命质量的水。因此，要求健康饮用水无污染、无毒无害无异味；符合人体营养和生理需要，如含有益的矿物质和微量元素。

由此可见，无污染的水只是干净的水，在此基础上满足水具有生命活力和无退化的才是安全饮用水，若能进一步满足和符合人体营养和生理需要的水才是真正的健康饮用水。健康的水和安全的水是不同层次的概念。水首先要达到干净，其次是安全，安全的水是健康水的基础，但不是全部。健康水应该是干净、安全与健康的统一。

松花江重大水污染事件

2005年11月13日，中国石油天然气集团公司（中石油）吉林石化公司双苯厂硝基苯精馏塔因工作人员操作连续失误引起硝基苯精馏塔发生爆炸，并引发其他装置、设施连续爆炸的严重事故。爆炸造成大量苯类污染物进入到第二松花江水体，引发松花江发生重大水污染事件。

苯类污染物是对人体健康有害的有机物。松花江重大水污染事件发生后，国家环境保护总局高度重视，立即派专家赶赴黑龙江现场协助地方政府开展污染防控工作，实行每小时动态监测，严密监控松花江水环境质量变化情况。

1. 应急对策

该污染事件发生后，吉林省有关部门迅速封堵了事故污染物排放口；加大丰满水电站的放流量，尽快稀释污染物；实施生活饮用水源地保护应急措施，组织环保、水利、化工专家参与污染防控；沿江设置多个监测点位，增加监测频次，有关部门随时沟通监测信息，协调做好流域防控工作。黑龙江省财政专门安排1000万元资金专项用于污染事件应急处理。

2. 应急监测分析

2005年11月13日16时30分

开始，环保部门对吉化公司东10号线周围及其入江口和吉林市出境断面白旗、松江大桥以下水域，松花江九站断面等水质进行监测。14日10时，吉化公司东10号线入江口水样有强烈的苦杏仁气味，苯、苯胺、硝基苯、二甲苯等主要污染物指标均超过国家规定标准。松花江九站断面苯类指标全部检出，以苯、硝基苯为主，从三次监测结果分析，污染逐渐减轻，但右岸仍超标100倍，左岸超标10倍以上。松花江白旗断面只检出苯和硝基苯，其中苯超标108倍，硝基苯未超标。随着水体流动，污染带向下转移。11月20日16时到达黑龙江和吉林交界的肇源段，硝基苯开始超标，最大超标倍数为29.1倍，污染带长约80千米，持续时间约40小时。此后的水质监测数据表明，江水污染程度呈现下降趋势。11月22日18时，吉林省境内第二松花江干流所有断面苯和硝基苯已全部达到国家地表水环境质量标准。11月22日23时，肇源断面硝基苯浓度已大大降低，超标0.42倍。11月23日始，该断

上游污染源

面未检出苯超标。23 日零时硝基苯浓度为 0.021 毫克 / 升，超标 0.24 倍，23 日 1 时，浓度为 0.0154 毫克 / 升，达标。哈尔滨市饮用水源取水口上游 16 千米四方台断面，未检出苯和硝基苯，表明松花江段水质尚未受影响。根据水流速度，污染带 11 月 23 日晚到达哈尔滨市四方台取水口，11 月 25 日下午流过哈尔滨市江段。松花江哈尔滨以下段将汇入呼兰河、汤望河、牡丹江等较大支流，由于流量增大，物理、化学作用增强，污染物污染程度会不断减轻。黑龙江省环境监测部门提供的数据显示，从 26 日 20 时至 27 日 14 时，断面苯一直处于未检出状态，硝基苯浓度持续低于 0.017 毫克 / 升的国家标准 18 小时，松花江较高浓度污染带离开哈尔滨市区。

3. 饮用水安全保障

（1）哈尔滨松花江重大水污染。事件发生后，根据黑龙江省环保局水质监测数据和黑龙江省政府通知要求，为确保哈尔滨市生产、生活用水安全，哈尔滨市政府于 2005 年 11 月 23 日 23 时起，关闭松花江哈尔滨段取水口，停止市政供水管网向哈尔滨市区供水。在停水期间，环保部门连续对松花江水质进行监测，至 27 日 14 时松花江哈尔滨段四方台水源地断面苯未检出；硝基苯浓度为 0.0034 毫克 / 升，达到

居民饮用污水

国家标准；18时哈尔滨市开始恢复供水。

在严重水危机期间，哈尔滨市政府采取了多种手段，控制水资源。21日市政府发布通告，要求市内洗浴、洗车等高耗水行业从21日起停止用水。21日晚，市政府紧急通知附近的"冰露"、"娃哈哈"和哈药总厂等大型矿泉水、纯净水生产企业要满负荷生产，并把所有产品运往哈尔滨；24日又从沈阳调集了1300吨矿泉水运抵哈尔滨。这一系列措施有效满足了哈尔滨市饮用水需求，平抑了水市场价格，稳定了市场。与此同时，全市918眼地下水井全部启动，并加速开凿新井；市政府指定水源，调剂运水车辆，保证了取暖锅炉补水和消防用水补水，确保了市政供暖供热，稳定了社会秩序。

（2）佳木斯防控措施

随着松花江污染带不断向下游移动，佳木斯江北水源于12月5日16时左右正式启动，开始向江南供水，佳木斯的防控松花江水污染工作也进入关键阶段。江北水源工程是佳木斯市的一项重点城市基础设施建设项目，工程从1999年开工建设，总投资为2.3亿元。工程设计能力为日供水20万吨，其中一期工

松花江水

程设计能力为日供水10万吨。江北水源采用自动化控制，使用国内最先进的除铁、锰工艺，水质完全符合国家饮用水标准，其中多数检测指标高于、优于国家规定饮用水标准。

针对松花江水污染可能对佳木斯造成的影响，该市关闭了第七水厂，迅速启动江北水源。在克服了技术要求高、施工难度大、资金不足等重重困难后，在社会各界的大力支持下，江北水源仅用了一周时间就完成了收尾工程投入使用，为确保群众喝上放心水起到了重要作用。

（3）污染后续问题处理。①二次污染问题松花江重大水污染事件发生后，关于冻入冰中和沉入底泥的硝基苯会否造成二次污染问题，就现有取得的研究成果来看，冻入冰中的硝基苯较少。另外，由于松花江底泥以沙质为主，沉入底泥的硝基苯有限，加上春天开江时水量较大，因此，春天冰体融化和底泥释放不会导致松花江水质超标。个别滞水区和缓冲区的底泥可能造成局部水域硝基苯浓度升高，环保部门密切关注，加强对重点江段的监测。②水产品食用安全性问题。有关部门在松花江采集了

鱼死虾灭

数百尾鱼类样品，检测分析了不同江段、不同习性、不同种类的鱼类样品以及松花江沿岸2千米以内养鱼池塘的鱼类硝基苯残留量，进行了鱼类硝基苯富集和释放实验。检测分析结果表明，在污染带通过25～30天后，松花江鱼类中硝基苯含量很快降至食用安全含量下。③沿江两岸地下水饮用安全性问题有关部门对松花江沿江两岸饮用水水源和分散式饮用水水源地进行了调查和评估，对地下水进行了严密监测。监测结果表明，沿江两岸48眼监测井中，除了个别地区监测井检出高于我国饮用水水源地标准的微量硝基苯之外，其他均未检出。因此，地下水饮用安全是有保障的。④沿江两岸农畜产品食用安全性问题有关部门对松花江沿岸10千米范围内可能受影响的农灌区及畜产品养殖基地进行了调查，检测分析了数百份乳、蛋、肉样品的硝基苯残留量，开展了含硝基苯废水对典型农产品影响的模拟试验。研究结果表明，松花江沿岸乳、蛋、肉样品中均未检出硝

玉米

基苯，沿江两岸的农畜产品可放心食用。对大豆、玉米、水稻、小麦和蔬菜等五种作物的模拟试验结果表明：当江水符合国家地表水标准时，未发现对试验作物种子发芽和幼苗生长产生不利影响。因此，2006年春季使用松花江水进行灌溉没有对农作物生长产生影响。⑤城市安全供水问题大量试验结果表明，粉末活性炭对水中硝基苯的去除效果很好，并获得较多技术依据。此项技术成果，可用于一旦发生水源地硝基苯等污染物少量超标时的城市安全供水。⑥松花江水污染防治中长期规划要点：

第一，继续加强环境监测，确

保沿江人民饮用水安全。

首先，继续加强松花江、黑龙江水环境监测工作，在松花江干流事故发生点下游至黑龙江抚远段共设16个监测断面监测地表水；其次，加强沿江城镇集中式饮用水源和地下水饮用水源水质监测；其三，继续开展松花江底泥、冰及水生生物监测工作；其四是继续开展中俄界河联合监测。

第二，深入开展松花江水污染生态环境影响评估研究。

继续开展污染事故对生态环境影响的科学研究，科学指导2006年春化冰期及以后的污染防治工作。进行更加深入细致的研究，按期在2006年3月份提交下一阶段研究报告。要以此为契机，拿出高水平的研究报告。要通过生态评估工作，有所发现，产生一批科研成果。

第三，组织实施松花江水污染防治中长期规划。

松花江流域水污染防治"十一五"规划以促进松花江流域社会经济与生态环境协调发展为出发点，优先保护大中城市集中式生活饮用水水源地，重点改善流域内对生产生活及生态环境影响大的水域水质，通过进行产业结构调整、开展清洁生产、实施污染物总量控制等减少污染物的产生和排放，进一步改善松花江水环境质量。

第四，继续做好流域污染防治工作。

组织吉林和黑龙江两省环保部门严密监控沿江污染源情况，做好入春前沿江巡查防控工作。加强城市供水安全管理，特别是保证沿江取水口取水安全。密切关注水质对鱼类的影响，加强水产品安全监测工作。做好爆炸现场残余物的处置工作，防止新的环境污染。

第五，建立健全环境应急长效机制。

加大投入，切实加强环境应急工作；用2～3年时间基本建成环境安全应急防控体系，从组织机构、应急专业队伍建设、装备配置、法制建设、技术标准、科技进步、应急信息平台和应急综合指挥协调系统等各方面入手，充分发挥各职能部门在环保方面的主要作用，全面

水污染防治

加强应急能力建设，构建国家、省、市和县四级环境预警监控网络、环境监测网络和环境监察执法网络，提高环境应急工作预警预测、监测、处置、后期评估和修复等方面的能力与水平。

北江重大水污染事件

2005 年 12 月中旬，韶关冶炼厂的含镉废水处理工段设计废水处理时间是三天，但相关工作人员违反操作规程，仅用一天时间就结束含镉污水处理，导致超过 1000 吨的高浓度含镉废水直接排入北江。2005 年 12 月 15 日，广东省环保部门监测发现，在北江高桥断面监测得到江水镉浓度超标近 10 倍，确认广东北江韶关段出现了重金属镉超标现象。

2005 年 12 月 18 日上午，广东省环保部门责令韶关冶炼厂实施停产整顿，关闭超标的污水排放口。

19 日监测显示，北江韶关段镉浓度有所下降，污染水体正缓慢下移，但下游英德城区 10 多万市民的饮水仍然受到影响。19 日上午，召开省政府常务会议，成立北江水域污染事故调查处理小组。19 日下午，事故调查小组前往北江上游的英德市。根据广东省政府的统一部署，北江下游的韶关、清远和英德三个城市紧急启动应急预案，通知沿江居民不要直接饮用污染水源。事故调查处理小组决定，一方面英德市立即启用备用水源，接通市郊长湖水库至市区 1.4 千米的供水管道，并调集周边地区 15 台消防车等运水工具向市区应急供水。另一方面，采取上游水库加大排水量的方式稀释污染物，调动上游南水水库集中排放 7000 多万立方米水，快速稀释污染。随着集中放水稀释污染物的措施到位，北江水域污染事故带来的直接影响较快得以消除。

从 20 日早上开始，韶关市已经全面停水，直到 22 日下午 6 时才恢复自来水供应。下游英德市的自来水公司负责人 22 日表示，英德市区水厂的供水仍在继续，英德水利部门在 48 小时内接通长岭水库的水源，改由水库供水。英德市民纷纷上街购买桶装水，以替代自来水饮用。同时，广东省监察局、环保局联合组成事故责任调查组，严格依法追究相关单位和人员的责任，并由韶关市政府和省国资委牵头组成监督组，立刻开展韶关全市污染大检查。

"广东北江水污染事件"折射出我国江河水域及水资源的保护方面存在不可忽视的问题。应该根据我国实际情况，做到以下几点。

（1）应该加强流域层面上的水资源保护监管能力，逐步做到依法行政，科学管理，有效监督；进一步提高重大水污染事件的快速反应

北江水运码头

及处置能力。

（2）全面增强水资源保护基础数据采集能力。

（3）进一步提高对水污染规律的研究及重大技术攻关能力，增强经济支撑与队伍保障能力。

（4）提高企业内部环境管理水平。

（5）完善水资源保护体系的构建，建立和完善一系列的工作机制，如联席会议机制、信息交换和共享机制、水污染联防机制、重大水污染事件通报机制等。

（6）应尽快制定各种水资源管理的实施细则及管理办法，形成一个比较完备的水资源管理法规体系，并依法加强执法机构和执法队伍的建设，切实做到依法行政，依法治水，依法管水。

（7）根据区域水环境的承载能力，优化产业结构布局。改善水环境，应始终贯彻"预防为主，综合防治"的方针，对水环境承载能力尚宽余的区域应合理安排产业结构布局、限制污染物排放，避免造成新的污染；对水环境承载能力不足的区域，应优化产业结构布局、严格控制污染物排放量，使水体水质满足要求。对污染物排放量已超过了水环境承载能力的区域，应调整产业结构，

北江水污染

大力削减现有污染物排放量，遏制水污染进一步发展。

（8）加强城市污水排放的管理。有关部门应该加大城市污水处理设施建设力度，提高污水处理水平；加强工业污染控制，工业废水全面达标排放，做到增产减污或增产不增污，同时应加大产业结构调整力度，发展污染较轻的产业；加强水源管理。各级水利、环境保护等行政主管部门应加强取水许可管理和建设项目环境保护管理，从严控制、新扩建项目污染物排放，积极推进节水型城市建设；另外，应重点控制水土流失，以减少入河泥沙量。

什么是安全饮用水

什么是健康饮用水？二者有何区别？安全饮用水系指水质符合《生活饮用水卫生标准》，且长期饮用不危害人体健康的水。通俗地讲就是在现有科学条件下，符合人类需要的卫生和健康标准，可长期饮用而对人体无害，且人的感官评价能够接受的水。

我国是一个农业大国，同时又是世界上人口最多的发展中国家。受自然和经济、社会等条件制约，农村居民饮水困难和饮水安全问题长期存在。大多数农村供水设施较为落后和简陋，自来水普及率低。与城市相比，农村安全饮用水的标准是较低的，《全国农村饮水安全工程"十一五"规划》中指出农村饮水安全系指农村居民能够及时、方便地获得足量、洁净、负担得起的生活饮用水。

与水相关的公害事件

世界上著名的"八大公害事件"是 20 世纪人类遭受的重大环境灾难，这些多由工业污染造成的悲剧给人们留下了惨痛的记忆和教训。

"八大公害事件"，即比利时马斯河谷烟雾、美国多诺拉烟雾、伦敦烟雾、美国洛杉矶光化学烟雾、日本水俣病、日本富山痛痛病、日本四日市哮喘病、日本米糠油事件。

与水相关的有两件：

1. 水俣病事件

时间：1932 年企业开始生产，1950 年海面上常见死鱼，1952 年水俣当地猫出现不寻常现象，1953 年猫发疯跳海自杀，1956 年人类也被确认发生同样的症例，1959 年指出水俣病原因为当地工厂所排出的有

水俣病患者

机水银，1960年正式将"甲基汞中毒"所引起的工业公害病，定名为"水俣病"。1966年新潟又爆发水俣病，史称"第二水俣病"。

地点：日本熊本县水俣镇，新潟

起因：氮肥公司制造氯乙烯和醋酸乙烯，制造过程使用含汞的催化剂，大量的汞便随着工厂未经处理的废水被排放到了水俣湾。汞被水生生物食用后在体内被转化成甲基汞，这种物质通过鱼虾进入人体和动物体内后，会侵害脑部和身体的其他部位，引起脑萎缩、小脑平衡系统被破坏等多种危害，

毒性极大。

后果：出现一种病因不明的怪病（后来称为"水俣病"），患病的是猫和人，症状是步态不稳、抽搐、手足变形、精神失常、身体弯弓高叫，直至死亡。日本前后三次发生水俣病，患者累计900余人，食用了水俣湾中被甲基汞污染的鱼虾人数达数10万。1997年由官方所认定的受害者高达12615人，其中有1246人已死亡。

2. 痛痛病事件

时间：19世纪80年代企业开始生产，1931年发现患病者，1946

沸腾的矿山

年正式报导了病例，1955 年在报告中称之为痛痛病，1957 年提出矿毒学说，1960 年证实病因是镉中毒，1968 年证实并指出"痛痛病"是由镉引起的慢性中毒。

地点：日本富山县平原神通川上游的神冈矿山

起因：铅、锌矿开采、精炼及硫酸生产，在采矿过程及堆积的矿渣中产生的含有镉等重金属的废水长期流入周围环境，两岸农民引水灌溉稻田，水稻直接受到镉污染。当地的水田土壤、河流底泥中产生了镉等重金属的沉淀堆积。

后果：镉通过稻米进入人体，首先引起肾脏障碍，逐渐导致软骨症，妇女妊娠、哺乳、内分泌失调、营养性钙不足等诱发原因存在的情况下，使妇女得上一种浑身剧烈疼痛的病，终日喊痛不止，因而取名"痛痛病"（亦称骨痛病）。重者全身多处骨折，在痛苦中死亡。从 1931 年到 1968 年，神通川平原地区被确诊患此病的人数为 258 人，其中死亡 128 人，至 1977 年 12 月又死亡 79 人。

怎样寻找天然水

水污染事件导致我们无法喝到干净的水，如果在野外突然遭遇突发水污染事件，学会寻找干净的水源是很重要的，下面介绍一些方法：

下雨之后，可以在诸如石洞这样天然的地方找到水。一般情况下，这种水必须在下雨之后尽快利用，因为时间过长，它就成了滋生细菌和病毒最好的温床。

天然的水储备往往在不平的地面上，尤其是岩石表面的坑中。这种水通常情况下都是安全的，但是即便如此也不要忽视对水的处理，以防水受到了某种形式的污染。

应该尽可能多地从这种天然的

地方收集水，因为它们可能只存在一两天的时间有时甚至几个小时之后就会消失。

1. 收集晨露

即使是在没有下雨的情况下，晚上气温的变化也可能将空气中的水蒸气浓缩成露水附着在地面物体上。在早上，你可以将植物和岩石上的露水用吸水性能好的毛巾或布料收集起来，然后将水拧出来放进容器里。

2. 雨水

饮用水的最好资源就是雨水，因为它们没有受到细菌和病毒的污染。但是，在高工业化的地区，雨

晨露

水中可能含有一定的化学污染物。

雨水也能通过像收集晨露那样的方式收集，但是如果正在下雨，而你又有大量的容器，你完全可以将它们放在地上接水。

3. 从植物中取水

在丛林中，一种常用的取水方式就是从富含水的植物藤蔓中抽取。这种藤蔓很容易辨认，其直径为7.5 ~ 15厘米。只需要砍一段1米的藤蔓就可以取水了。如果从这种藤条得到的液体是浑浊或者有苦味的，那就是找错了物种，这种液体是不能喝的。从藤蔓中取出的液体应该是无味或者有水果味。此法的缺点就是这种液体不能被保存；还有一些藤蔓对皮肤有刺激性，因此最好用容器收集液体，而不要直接就着藤蔓用嘴喝。

在澳大利亚，水树、沙漠橡树和红木树的根部都靠近地表，很容易挖出来。将树根去皮，吮吸汁液，或者将根碾碎，然后挤出汁液。新鲜竹子也是取水的好原料。将竹子弯下来绑定，然后砍掉其顶部，将容器放在竹子被砍掉部位的下方，过几个小时容器中就能得到大量的清水了。

在沙漠地区，各种仙人掌都含有大量的水分。将仙人掌的顶端砍掉，将肉质捣碎，就可以将其中的水分吸掉。即使这种仙人掌不可以食用，其中的水分也同样可以吸食。

111

翠绿的竹子

但是，你需要有一把大砍刀之类的工具，否则就不能避开仙人掌上的刺来接近其中的肉质了，或者很有可能会把整个仙人掌弄死。

液化水

在温度很高的情况下，如果有大量植物，可以使用这种简单的取水方法，将一个透明塑料袋套在一根带有大量树叶的树枝上。确保选择的树是无毒的，因为毒素有可能会存在于水中。将塑料袋的一角朝下，让水不至于从袋口溢出。

只需一天的时间，就能从塑料袋内得到相当数量的水。记住定期更换被绑的树枝，否则叶子干燥之后就不能取水了。在太阳底下用这种方式取水比在阴凉的地方效果更好。

用这种方式获取的水是绝对干净的，不需要净化就可以安全饮用，即使里面可能含有从树枝上掉下来的杂质，也只需要进行简单的过滤即可。

怎样过滤和净化水

无论得到什么样的水，最好先进行净化，因为不能确定这些水流经过哪些地方、里面都含有些什么物质。

如果水里含有枯枝落叶或者其他较大的杂质，首先需要过滤。这样的话，你就需要制作一个过滤器。取一段掏空的圆木，在中间放上青草，用来过滤水，这样能够有效地去除水中的较大杂质。如果有袜子，你就可以做一个更好的过滤器。在袜子里塞上青草，如果有沙子的话更好，首先装最细小的沙子，然后是稍粗的直到装满袜子。

将装沙的袜子吊在容器的上方，把需要过滤的水倒进袜子里，让水慢慢渗漏进容器里。

1. 将水烧开

过滤之后的水看上去可能很干净，但是还不足以安全到可以直接饮用。为了净化水，需要将其烧开，除非你有现代化的滤水设备或者净水剂。

水烧开的时间根据细菌的存活时间而定。最好是将水烧开15～20分钟，就比较安全了。这时间听起来可能比较长，但总比冒险喝下还没有完全被净化的水要好。

2. 使用净水剂

现代化的净水方式包括使用净

水剂，如家用漂白剂、碘、净水药片等。现代化的滤水设备能很好地将水进行过滤。各种净水剂的使用方式如下：

将10滴家用漂白剂加入4.5升的水中，充分混合。然后静置30分钟。如果水中含有一股轻微的氯味，则说明水可以饮用了。

碘使用方法与漂白剂大致相同。

净水药片按照使用说明做就可以了。这种药片会让水有一股漂白剂的味道，但是饮用还是很安全的。

在使用这些净水剂的时候，一定要确保净水剂与水充分混合，保证不漏掉任何可能存在的细菌。细菌尤其容易藏在容器的螺旋形部位。

用以上方法净化水可能存在的问题是，如果长时间饮用这种水可能会让你觉得不适。很多净水剂的生产商都会建议使用者不要连续使用它们的产品超过几周的时间。当然，这些药剂最终都会完全排出体外，所以在找到清洁的饮用水之前，或者不得不使用更原始的方法对水进行净化之前，还是尽量用净水剂吧。

3. 使用现代化的过滤器

第二种选择就是使用现代化的过滤器。需要长时间净化大量水的时候使用过滤器是一种非常理想的净水方式。市场有各种各样的过滤

纯净水过滤

器，其中一些非常小巧，完全可以装进口袋。

过滤器在很多情况下都适用。但是要确保它能够去除化学物质和细菌病毒，因为很多过滤器都只能滤除一种污染物质。应该仔细阅读过滤器使用说明，有些过滤器需要定期用碘酒或者其他消毒水进行清洁。有些过滤器是有使用寿命的，也就是说在过滤器失效之前，只能净化一定数量的水。如果出现了这种情况，你又不得不回到原始的烧开净化水的方式了。

过滤器

世界水日

水危机已经是全球性的事实。无数有识之士为此忧心忡忡。早在 1977 年联合国就召开水会议，向全世界发出严正警告：水不久将成为一个深刻的社会危机，继石油危机之后的下一个危机便是水。把水看成取之不尽、用之不竭的时代已经过去，把水当成宝贵资源的时代已经到来。1993 年 1 月 18 日，联合国第 47 届大会通过决议，将每年的 3 月 22 日定为"世界水日"，用以开展广泛的宣传教育，提高公众对开发和保护水资源的认识。每年"世界水日"，都有一个特定的主题。

防止饮用水的二次污染

饮用水的二次污染是指原水经水厂净化处理水质合格，通过向用水户供水过程中的输送、储存，以及二次供水等一系列中间环节供给用户的水质不合格或水质明显下降的过程或现象。

二次供水是指市政供水经再次处理、调蓄、加压、输配的供水方式，是一种"水厂→市政管网→二次供水设施→用户"的供水方式。相对于市政管网直接供水而言，这种供水除经过封闭的市政管网外，还要经过二次供水设施（高、中、低位蓄水池、水箱、管道、阀门、水泵机组）这一环节，用户多为高层住宅楼居民。由于这些二次供水设施与外界接触较多，若不定期清洗消毒，很容易造成供水水质的二次污染。

饮水机

此外，饮水机造成的"二次污染"逐渐增多，也需注意。即使完全合格的桶装水在饮水机上使用时，细菌依然会进入饮水机内部并在贮水箱及冷水管道内壁孳生繁殖，而大部分饮水机的贮水箱温度在 30℃ 左右，有利于细菌的培养，大约每 20 分钟就能繁殖一代。到了夏季，随着气温升高，污染会更加严重。

二次污染直接结果是影响用户感官，使饮用者感到恶心、呕吐、腹胀、腹泻，严重的甚至发病，导致二次供水系统用户发生集体性腹泻，严重危害人体健康和扰乱居民生活秩序。

洗衣机

防止自来水二次污染需注意以下几点：

（1）不要随意改动家庭中的自来水管线，如果非改不可，则要请专业人员，根据总体水管线设计方案进行作业。

（2）洗衣机的进水管不能太低，如太低使进水管口浸入机体的水中，就会因虹吸作用而产生二次污染。故使用洗衣机时，要注意不要让进水管浸入水中。

（3）利用高位水箱二次加压供水，要对水箱每隔半年进行一次清洗消毒，并要密封水箱并保持其周围的清洁。

防止饮水机二次污染的措施：

（1）饮水机不宜设置于有光线直接照射的地方，应选择远离热源处。

（2）饮水机应定期清洗或消毒，一般为冬季 1 次 / 月，夏季 1～2 次 / 月。

（3）饮水机水胆存水要及时去除。

应急饮用水处理方法有哪些

当水源被物理和微生物污染时，可采用以下方法进行水处理：

（1）粗滤。将水通过一块干净的棉布、纱布倒入容器中，可除去相当数量的悬浮物、泥沙等。要注意一定要用干净的棉布、纱布。有水中寄生虫流行的地区（如血吸虫疫区等）应用纤维网、丝网效果更好。

（2）通气。向水中持续通入空气，增加水中的含氧量，可将水中挥发性物质如硫化氢、甲烷等除去，改善口感。减少水中二氧化碳的含量，溶解在水里的矿物质铁、镁等氧化形成的沉淀而除去。

（3）水的存放和沉淀。水在安全的条件下存放1天后，水中的微生物会有超过50%死亡。存放和沉淀至少48小时，悬浮的粒子和一些病菌会沉到容器底部。用于存水的容器要有盖，防止水的再次污染。水要从容器顶部倒出来，容器顶部的水更干净。

（4）过滤。被污染的水流过多孔的介质（如沙子），类似于天然土壤的净化过程。简单沙滤可去除水中沉淀物，但不能有效去除水中的病菌，经这样过滤后的水必须消毒或存放48小时后使用。木炭过滤器可以除去一些异味、臭味和颜色。

陶瓷过滤器可去除水中的悬浮颗粒物，过滤后的水必须烧开或用其他消毒方法消毒后才能饮用。有些陶瓷滤芯用载银来作为消毒剂以杀死细菌，这样可以不要过滤后烧开的步骤。

（5）消毒。消毒应是水处理的最后一个步骤，它是保证饮用水中没有有害生物和病原体的处理过程。烧开水消毒可以有效消灭各种病原体，水应至少保持烧滚 5 分钟。氯消毒可以杀死所有病毒和细菌，但有些原生动物、寄生虫会有抵抗力。必须加足够量的氯才能消灭所有的微生物，但又不能加得太多以致影响水的味道。化学药剂必须与水中的病原体有充分的接触时间（氯消毒至少要 30 分钟）。阳光消毒通常用于抑制和杀灭水中的病原体。在透明的塑料容器中加满水并将其完全暴露于太阳光下 5 小时（或连续两个完整的 100％ 的多云天气下），

纯净水

就会产生综合了辐射和热处理的消毒效果。如果水温达到了50℃，1小时就足够了。阳光消毒对清水是有效的。

不宜饮用的水有哪些

（1）生水。生水指没有烧开的水，如自来水、井水、湖水、河水等，因为生水中有很多对人体有害的细菌和寄生虫等，尤其是周边有工业乡镇企业和养殖业的区域。生水中的这些病菌进入人肚里后，容易使人罹患急性肠胃炎、病毒性肝炎、伤寒及痢疾等传染病。

（2）未煮开的水。自来水都经过氯化消毒，当水温升至90℃时，三卤甲烷的含量是原来的三倍，超过国家饮用水标准两倍，当温度升高到100℃时，三卤甲烷会随着蒸发而大大减少，因此未煮开的水不能喝。

（3）重新煮开的水。有人把热水瓶里的温开水倒进水壶里重新烧开饮用，会使水分再次蒸发，水中的亚硝酸盐含量升高，常喝此水会造成中毒或致癌。

（4）蒸锅水。蒸锅水是指蒸馒头笼屉下的水，该水中亚硝酸盐浓度高。另外，水垢也会随水进入人体，易引起消化、神经、泌尿和造血系统的疾病。

（5）千滚水。水如果烧了又烧，滚了又滚，随着水分的蒸发，无机盐的浓度、钙、镁等重金属成分就相应增加，尤其是其中的亚硝酸盐对人体有害，摄入过多或长期饮用，轻者累及肠胃，重则可引起中毒。

第五章

燃烧及爆炸的防范自救

燃烧是指可燃物质与氧或氧化剂发生的伴有发光和放热的激烈氧化反应，包括物体快速氧化，产生光和热的过程。燃烧反应与一般氧化反应不同，其特点是反应激烈，放出热量多，放出的热量足以把燃烧产物加热到发光的程度。爆炸是自然界中经常发生的一种变化过程，它是物质从一种状态通过物理或化学的变化突然变成另一种状态，并放出巨大的能量而做机械功的过程。突然发生爆炸时，将给周围的环境和社会带来巨大的灾难，对人类的生命和财产造成严重伤害。因此学习一定的防范自救常识是很重要的。

燃爆危险物质的分类

一般来说，凡是能引起火灾或爆炸的物质就叫燃爆危险性物质，归纳起来可分为以下八类，其中大部分具有爆炸性或具有燃爆特性。

爆炸性物质具有爆炸性能的固体或凝结状态的液体化合物统称为爆炸性物质，通常被人们称为炸药的物质就属这一类。此外，各种过氧化物、硝化纤维制品、硝酸铵等其他具有特定官能团，如硝基、硝胺、硝酸酯等化合物也都属于爆炸性物质。

混合危险性物质如果两种或两种以上的物质，由于混合或接触而产生了火灾或爆炸，则把这种物质叫做混合危险性物质。在混合危险性物质中有如下三种情况。

物质混合后形成了类似混合炸

货运列车爆炸

药的混合危险性物质。如硝酸钾、硫黄、木炭粉的混合和硝酸钾、硫黄、硫化砷的混合。

物质混合时发生化学反应形成了敏感的爆炸性化合物。如强酸与氯酸盐、过氯酸盐、过锰酸盐等混合时，形成了强氧化性的物质，当它们接触有机物时，会发生爆炸。又如，将氯酸钾与氨、铵盐、铅盐、银盐等接触时，也生成具有爆炸性的化合物氯酸铵、氯酸铅、氯酸银等。

物质混合的同时引起着火或爆炸。如果把漂白用的次氯酸盐（钠）粉末混合于溴酸或硫代硫酸盐（钠）粉末中时，立即燃烧等。

可燃气体或蒸气指凡遇明火、受热或与氧化剂接触能着火、爆炸的气体。如氢气、天然气、乙烯、乙炔、煤气和液化石油气等；乙醚、苯、酒精等可燃液体的蒸气。可燃液体凡是在常温下为液体，遇火、受热或与氧化剂接触时能燃烧爆炸的液体，具有可燃性的物质，都称为可燃烧液体。如汽油、煤油、酒精等。

可燃固体凡遇火、受热、撞击、摩擦或与氧化剂接触能燃烧的固体物质，统称为可燃固体。包括纸、布、丝、棉等纤维制品及其碎片、木材、煤、沥青、石蜡、硫黄、树脂、柏油、重油、油漆、火柴等一般可燃物。

可燃性粉尘如上述可燃固体是粉状或属于雾状而飞散在空气中时，这种空气可能被点燃，发生粉尘爆炸。如空气中飞散的煤粉、硫黄粉、木粉、合成树脂粉、铝粉、镁粉、重油雾滴等，都属于可燃性粉尘。

自燃性物质在无任何外界火源的直接作用下，依靠自身发热，经过热量的积累使其逐步达到燃点而燃烧的物质。

忌水性物质它是指吸收空气中的潮气或接触水分时，有着火危险或发热危险的物质。

火柴

具爆炸性的毒害品

凡少量进入人、畜体内或接触皮肤，就能与体液和机体组织发生作用，扰乱或破坏正常生理功能，引起机体产生暂时或持久性的生理状态，甚至危及生命的物品均属毒害品。

毒害品的种类很多，按化学组成可分为无机毒害品和有机毒害品。不同化学品的毒性大小各不相同，其毒性大小常用"半致死量"（LD50）来表示，意思是指能使一组被试验的动物死亡50%的量，其单位为"毫克／千克"。半致死量越小，说明它的急性毒性大。有些有毒化学品尽管半致死量较大（即急性毒性小），但少量长期摄入时，因其具有积蓄

等作用，表现为慢性毒性较高。例如六六六的大鼠经口半致死量为88毫克／千克，需较大剂量经口摄入才能引起急性中毒，但六六六在人体内积蓄性较大，能引起人的慢性中毒。1978年我国《工业企业设计卫生标准》建议依据LD50（半数致死剂量），LC50（半数致死浓度）的分级标准，将化学品分为剧毒、高毒、中毒、低毒和微毒等五级。

有些有毒化学品不仅有毒性，还有易燃、易爆、腐蚀等危险性，例如：

绝大多数有机有毒化学品遇明火、高温、氧化剂等均有引起燃烧

的危险。有些如二硝基氯化苯、二硝基苯酚等受强烈撞击或遇高温还有爆炸的危险。

　　无机的有毒化学品一般本身不燃烧，但其中的氰化物遇酸会产生剧毒、易燃的氰化氢气体，氰化钾（钠）遇硝酸盐或亚硝酸盐反应剧烈，有发生爆炸的危险。磷的金属化合物，如磷化锌、磷化钙等，遇酸或水会产生剧毒并能自燃的磷化氢气体。金属粉末如钠粉、铍粉等遇明火能在空气中燃烧甚至爆炸。能溶解于水的含氮化合物，其水溶液对皮肤有腐蚀性或刺激性等。

　　有毒化学品在水中的溶解度越大，其毒性也就越大，因为人体内含有大量水分，所以越易溶解于水也就越易被人吸收，有些有毒化学品虽不溶于水，但能溶于胃液、汗水中，同样能引起中毒。固体的有毒化学品颗粒越小越易引起中毒，因为颗粒小容易飞扬，经呼吸道吸入肺泡，被人体吸收而引起中毒。液体有毒化学品的沸点越低，挥发性越大，空气中浓度越高，越容易从呼吸道侵入人体，也就容易引起中毒。无色无味者比有色味者难以发现，更易引起中毒。这些特征都是在爆炸现场进行应急监测、处理处置和人员防护时应当加以注意的。

化学物品爆炸

有毒气体爆炸事故的特点

爆炸性事故中的有毒气体爆炸的危害尤为严重。所谓有毒气体是指吸入后能引起人畜中毒，甚至死亡，有些还能燃烧的气体。主要有氯气、光气、溴甲烷和氰化氢等。为了便于贮运和使用，将有毒气体用加压法、降温法压缩或液化后贮存于钢瓶内。由于各种有毒气体的性质不同，有的较易液化，在室温下单纯加压就能呈液态；有的在室温下无论加多大的压力都不会变为液体，必须在加压的同时再降温才能液化。有毒气体在钢瓶中处于气态的称为压缩气体，处于液态的称为液化气体；贮存在各类容器中的

易燃有毒气体泄漏到外部空气中，经过一定程度的扩散后，遇到火源，则会发生火灾或爆炸。由于这种气态爆炸混合物分布在大的空间范围内，而且会有大量的不能参加反应的氮气等成分。因此有毒气体爆炸与炸药爆炸相比，释放能量的密度小，相应爆炸压力较低。但有毒气体爆炸作用范围广，引起燃烧，破坏面大，而且爆炸性混合气体可以弥散，侵入到很小的空间和缝隙中，如被人、畜吸入呼吸道，会引起伤亡。

有毒气体爆炸事故特别呈现以下特点：

毒性大。这是有毒气体爆炸事

牲畜

故的主要特点。由于有毒气体爆炸，会产生各种有毒气体，甚至剧毒气体，弥散范围广。处于这个空间的人，会通过呼吸道、皮肤引起中毒、窒息甚至死亡。

易引起燃烧，发生燃烧爆炸。多数有毒气体泄漏或爆炸后，逸出的大量气体与蒸气在静电或明火等作用下发生燃烧爆炸。处在这个空间的人，呼吸道被烧伤，衣服被烧脱落。现场死、伤者多是因烧伤而死。

烟痕不明显。有毒气体爆炸一般没有烟痕，尤其是因变化、体积膨胀发生的爆炸，根本不留烟痕。但某些气体的爆炸，可在容器内壁发现分解的炭黑。

冲击波作用弱且有方向性，燃烧波致人伤亡较多。由于压力爆炸一般在某个部位或只在某一个部分发生爆炸，所以冲击有方向性，面对容器爆裂口的物体容易被推倒、位移、变形，但燃烧波作用范围广，伤害性大。

击碎力小。由于压力容器选用大的钢材制造，一般不发生粉碎性破坏，多是被炸成较大的窟窿。

预防爆炸的原则

可燃混合物的爆炸虽然发生于顷刻之间,但它还是有个发展过程。首先,是可燃物与氧化剂的相互扩散,均匀混合而形成爆炸性混合物,并且由于混合物遇到火源,使爆炸开始;其次,是由于连锁反应过程的发展,爆炸范围的扩大和爆炸威力的升级;最后,是完成化学反应,爆炸力造成灾害性破坏。

防爆的基本原则是根据对爆炸过程特点的分析,采取相应措施。即阻止第一过程的出现,限制第二过程的发展,防护第三过程的危害。其基本原则有以下几点:

(1)在工艺的设计、安装和生产中应消除和避免可燃性气体、液体、粉尘、纤维向外泄漏或向内泄漏、积聚,以防形成爆炸混合物,消除爆炸根源。

(2)防止并严格控制爆炸性混合物的形成,降低其达到爆炸极限范围的概率,缩短爆炸性混合物滞留时间。

(3)在爆炸危险环境及工艺系统装设安全装置或局限化安全装置。

(4)消除和控制引燃爆炸性混合物的明火、电弧、高温热体和其他能量。

(5)按照生产和贮存物品火灾危险性类别,合理设计和确定建筑

公交车爆炸

物或构筑物的耐火等级、耐爆结构、建筑形式、安全间距、防爆泄压设施（门、窗、屋盖等）、泄压系数 K、防爆隔断、防爆墙、安全疏散（包括安全信号、安全标志、安全通道、安全电梯）等标准，以满足爆炸危险环境的要求。

（6）在爆炸危险环境，按照消防规范和规程的要求，设置消防给水系统、固定灭火装置和灭火器材，并按要求设置消火栓和消防通道。

如何判断爆炸造成的伤害

（1）爆震伤，又称为冲击伤，作用于距爆炸中心 0.5～1 米以外的范围。爆炸物在爆炸的瞬间产生高速高压，形成冲击波，作用人体造成全身多个器官损伤，同时又因高速气流形成的动压，使人跌倒受伤，甚至肢体断离。爆震伤后会出现的症状有：耳鸣、耳聋、耳痛、头痛、眩晕；胸闷、胸痛、咯血、呼吸困难、窒息；腹痛、恶心、呕吐、肝脾破裂大出血导致休克；神志不清或嗜睡、失眠、记忆力下降。

（2）爆烧伤，实质上是烧伤和冲击伤的复合伤，发生在距爆炸中心 1～2 米范围内，由爆炸时产生的高温气体和火焰造成。严重程度取决于烧伤的程度。

骨折

（3）爆碎伤，爆炸物爆炸后直接作用于人体，造成人体组织、内脏或者肢体破裂，失去完整形态。还有一些是由于爆炸物穿透体腔形成穿通伤，导致大出血、骨折。

（4）有害气体中毒，爆炸后的烟雾及有害气体会造成人体中毒。常见的有害气体为：一氧化碳、二氧化碳、氮氧化合物。有害气体中毒会出现的症状有：眼、呼吸道有异常感觉；急性缺氧、呼吸困难、口唇发紫；休克或肺水肿。

瓦斯爆炸如何自救

瓦斯是一种无色、无味、易燃、易爆的含有甲烷等成分的混合气体。瓦斯爆炸会产生高温、高压、冲击波，并释放出有毒气体。当发生瓦斯爆炸时，应立即背对爆炸地点并迅速卧倒，如周围有水，则应俯卧或侧卧于水中，并用湿毛巾捂住口鼻。应切断事故地点的电源，并保持通风状态，设法扑灭各种明火和暗火。所有生存者应该尽快撤离危险区，以防二次爆炸。如有伤者，应在安全地区进行初步抢救并尽快送往医院。

被烟花爆竹炸伤如何自救

　　一旦被烟花爆竹炸伤，应立即脱离火源，消除致伤因素。如果身上的衣物被引燃，应迅速脱掉，如果来不及脱掉衣服，应就近直接冲冷水浴，或就地滚动压灭火焰。伤员在衣服着火时切不可站立或奔跑呼叫，防止造成头、面部烧伤及吸入性损伤。脱离火源后可以采取以下几种措施减少伤害：

　　（1）迅速降低伤者损伤处的温度，采用凉水冲洗或浸入水中（水温以伤员能忍受为准，一般为15～20℃，热天可在水中加冰块），然后用冷水浸湿的毛巾、纱垫等敷于创面，时间无明确限制，直到不

再剧痛为止，大约需30分钟至1小时。冷疗适用于中小面积特别是四肢的烧伤。

　　（2）如果手部或足部被炸伤致流血，应迅速用双手卡住出血部位

烟花

132

的上方，尽快止血。如果出血不止且量大，则应用橡皮带或粗布扎住出血部位的上方，抬高患肢并急送医院清创处理。在捆扎后，捆扎带要每15分钟松解一次，以免患部缺血坏死。

（3）对于头部、面部损伤尤其不可掉以轻心，冷敷灼伤部位并要到医院检查、治疗，以免贻误治疗时机。人面部的血管非常多，如果遇到小血管破裂引发出血不止的情况，可在就诊前用干净的纱布或毛巾用力压住伤口，以起到止血的作用。如果皮肤表面形成水疱，不要将其碰破，更不要挑破。

（4）如果眼睛受到伤害，应将伤者眼部的污物及沙石颗粒等小心清除，可用清水冲洗创面。若伤情较重，如眼球破裂伤、眼内容物脱出等，伤者眼睑高度肿胀、淤血，眼睛睁不开，此时不要强行扒开伤者的眼睑或去除脱出眼外的组织，应以消毒纱布或清洁毛巾覆盖后立即将伤者送往医院救治。

（5）禁止在炸伤部位涂盐、酱油、烟丝或油膏之类的东西，以免引起细菌感染，也不要涂甲紫等有颜色的药水、药膏，以免增加感染的危险。

非法烟花爆竹

燃放烟花爆竹如何保证安全

　　燃放时要注意保证人身和财产安全，要选择允许燃放的地点，远离火源。不要在狭小的地方燃放，如阳台、室内、仓库、场院等地，也不要在人群密集空间局限的公共场所燃放，如商店、影剧院等。儿童燃放爆竹时要由成年人监护带领，切忌用鞭炮玩打"火仗"的游戏，以免伤人。燃放烟花爆竹时，应该将鞭炮放在地面上，或者挂在长杆上，不要拿在手里，以免发生伤害。

公共场所发生爆炸怎样紧急应对

室外的公共场所发生爆炸时，要迅速背朝爆炸冲击波传来的方向卧倒，脸部朝下，头放低，在有水沟的地方则应侧卧在水沟里面。室内场所发生爆炸时，要就近躲避在结实的桌椅下。为了避免爆炸产生的强大冲击波击穿耳膜，切记要张开口。为了防止烟毒，爆炸瞬间要屏住呼吸，之后以低姿势逃生，切忌大呼大叫、乱跑乱窜。下面介绍一些安全常识：

1. 如何识别可疑爆炸物

在不触动可疑物的前提下：

看，由表及里仔细地观察，识别、判断可疑物品或可疑部位有无暗藏的爆炸装置；听，在寂静的环境中用耳倾听是否有异常声响；嗅，如黑火药含有硫黄，会放出臭鸡蛋（硫化氢）味；自制硝铵炸药的硝酸铵

体育场馆

会分解出明显的氨水味等。

2.在大型体育场馆发生爆炸怎么办

（1）迅速有序远离爆炸现场；

（2）撤离时要注意观察场馆内的安全疏散指示和标志；

（3）场内观众应按照场内的疏散指示和标志从看台到疏散口再撤离到场馆外；

（4）场馆内部体育官员、工作人员以及运动员，应根据沿途的疏散指示和标志通过内部通道疏散；

（5）不要因贪恋财物浪费逃生时间；

（6）实施必要的自救和救助他人；

（7）拨打报警电话，客观详细地描述事件发生、发展经过；

（8）注意观察现场可疑人、可疑物，协助警方调查。

3.在商场与集贸市场发生爆炸怎么办

（1）保持镇静，迅速选择最近的安全出口有序撤离现场；

（2）注意避开临时搭建的货架，避免因坍塌可能造成新的伤害；

（3）注意避开脚下物品，一旦摔倒应设法让身体靠近墙根或其他

商场

支撑物；

（4）实施自救和救助他人；

（5）不要因顾及贵重物品而浪费宝贵的逃生时间；

（6）迅速报警，客观详细地向警方描述事件发生、发展的经过；

（7）注意观察现场可疑人、物，协助警方调查。

爆炸物可能放置在公共场所什么地方

标志性建筑物或附近的建筑物内外；重大活动场合，如大型运动会、检阅、演出等场所；人口相对聚集的场所，如体育场馆、影剧院等；行李、食品及各种日用品之中；宾馆、洗浴中心、歌舞厅及其易于隐蔽且闲杂人员容易进出的地点；各种交通工具上；易于接近且能够实现其爆炸目的的地点。

地铁爆炸怎样逃生

地铁中发生爆炸，损失往往十分严重。究其原因，主要有以下几点：①地铁里面客流量大，人员集中，一旦发生爆炸，极易造成群死群伤。②地铁列车的车座、顶棚及其他装饰材料大多可燃，爆炸时容易造成火灾；有些塑料、橡胶等新型材料燃烧时还会产生毒性气体，加上地下供氧不足，燃烧不完全，烟雾浓，发烟量大；同时地铁的出入口少，大量烟雾只能从一两个洞口向外涌，与地面空气对流速度慢，地下洞口的"吸风"效应使向外扩散的部分烟雾又被洞口卷吸回来，容易令人窒息。③由于地铁隧道空间的相对封闭性，车辆爆炸起火燃烧后，温度升高，空气体积膨胀，压力增大，热烟气流积聚，极易产生"轰燃"。④地铁内空间过大，有的火灾报警和自动喷淋等消防设

南京地铁

138

施配置不完善，起火后地下电源可能会被自动切断，通风空调系统失效，失去了通风排烟作用，大量有毒烟雾和黑暗给疏散和救援工作造成困难。

乘客在遇到危险或等待救援时，千万保持冷静，逐步实施一套自救方法。其中主要有：

（1）及时报警。可以利用自己的手机拨打"119"报警，也可以按动地铁列车车厢内的紧急报警按钮。在两节车厢连接处，均贴有红底黄字的"报警开关"标志，箭头指向位置即是紧急报警按钮所在位置，将紧急报警按钮向上扳动即可通知地铁列车司机，以便司机及时采取相关措施进行处理。

（2）爆炸后的烟雾和毒气会令人窒息，因此乘客要用随身携带的口罩、手帕或衣角捂住口鼻。如果烟味太呛，可用矿泉水、饮料等润湿布块。贴近地面逃离是避免烟气吸入的最佳方法。但不要匍匐前进，以免贻误生机。勿做深呼吸，而应用湿衣或毛巾捂住口鼻，防止烟雾进入呼吸道，迅速疏散到安全地区。视线不清时，手摸墙壁徐徐撤离。

（3）车厢座位下存有灭火器，可随时取出用于灭火。干粉灭火器位于每节车厢两个内侧车门的中间座位之下，上面贴有红色"灭火器"标志。乘客旋转拉手90°，开门取出灭火器。使用灭火器时，先要拉出保险销，然后瞄准火源，最后将灭火器手柄压下，尽量将火扑灭在萌芽状态。

（4）如果车厢内火势过猛或仍有可疑物品，乘客可通过车厢头尾的小门撤离，远离危险。

（5）如果出事时列车已到站停车，但此时忽然断电，车站会启用紧急照明灯，同时，蓄能疏散指示标志也会发光。乘客要按照标志指示撤离到站外。

（6）大量乘客向外撤离时，老年人、妇女、孩子尽量"溜边"，

撤离地铁的人群

防止摔倒后被踩踏。发现慌乱的人群朝自己的方向拥过来，应快速躲避到一旁，或者蹲在附近的墙角下，等人群过去后，至少过5分钟再离开。同时应及时联系外援，寻求帮助。例如，拨打"119"、"110"、"999"、"120"等。

（7）如果身不由己被人群拥着前进，要用一只手紧握另一手腕，双肘撑开，平放于胸前，要微微向前弯腰，形成一定的空间，保证呼吸顺畅，以免拥挤时造成窒息晕倒。

同时护好双脚，以免脚趾被踩伤。如果自己被人推倒在地上，这时一定不要惊慌，应设法让身体靠近墙根或其他支撑物，把身子蜷缩成球状，双手紧扣置于颈后，虽然手臂、背部和双腿都会受伤，但却保护了身体的重要部位和器官。

（8）在逃生过程中一定要听从工作人员的指挥和引导疏散，决不能盲目乱窜。万一疏散通道被大火阻断，应尽量想办法延长生存时间，等待消防队员前来救援。

地铁逃生应该注意哪些事项

（1）要有逃生意识。乘客进入地铁后，先要对其内部设施和结构布局进行观察，熟记疏散通道安全出口的位置。

（2）不要贪恋财物。不要因为顾及贵重物品，而浪费宝贵的逃生时间。

（3）要镇定，受到火势威胁时，千万不要盲目地相互拥挤、乱冲乱撞。要听从工作人员指挥或广播指引，要注意朝明亮处、迎着新鲜空气跑。

（4）身上着火，千万不要奔跑，可就地打滚或用厚重的衣物压灭火苗。

如何预防家用燃气爆炸

家用燃气主要是天然气、人工煤气和液化石油气。当发生泄漏，燃气和空气混合达到一定比例时，就会形成具有爆炸危险的混合气体，该气体与火焰接触即发生爆炸。爆炸极限的浓度范围：天然气为5% ~ 15%，人工煤气为5% ~ 50%，液化石油气为1.7% ~ 9.7%。预防燃气爆炸的措施有：

（1）增强安全使用意识。管道用户严禁私自改装、移动、拆卸煤气管道和燃气具。禁止加热或者摔、砸、倒置燃气钢瓶，倾倒瓶内残油和拆修瓶阀等附件。经常检查灶具，包括减压阀和专用胶管、管夹是否老化、松动、裂口等，检查是否漏气。不要在安装燃气设施的房屋内存放易燃、易爆物品或者使用明火取暖。

（2）保持通风良好。使用燃气时要保持室内通风或开启换气装置，

燃气阀门

避免有害可燃气体结聚。

（3）灶具点火使用时应有人照看，防止意外熄火漏气；燃气使用后要关闭燃气阀门。如发现气体泄漏的危急情况，立即关闭气阀和火种，同时开窗通气排气，不要开关电器电源，不要拨打电话，人员撤离并设法求援。

如何预防玻璃等易爆品爆炸

要预防啤酒瓶、暖壶内胆等玻璃易爆品爆炸，必须在使用、储放时注意以下几个方面：在一些外力的作用下，易爆玻璃制品会引起爆炸，因此要注意轻拿轻放，避免激烈地摇晃和撞击；装满开水的暖壶以及瓶装啤酒在放置时要避免强烈的光照。

汽车自燃逃生自救

汽车自燃产生的原因：天气热使电源短路或燃油泄漏等

烈日炎炎、酷暑难耐；夏季开车也许比平时要艰难了许多。夏季行车对于安全的挑战更多，空调不制冷、爆胎、自燃这些都是威胁夏日行车安全的重大隐患。特别是汽车自燃，更容易给人们带来生命和财产的损失。

根据专业人士介绍，电路起火一般是自燃事故的主要原因。为了避免车辆出现自燃事故，司机应该多加关注车辆的保养和维护，并且保证车载灭火器有效。万一车辆发生自燃，要及时熄火关闭电源，在

尽全力施救的同时还要及时报警。

汽车自燃发生后应该尽快找到起火点，用灭火器将其扑灭。如果为时已晚，火势又非常大，则应该尽快远离现场并报警。

汽车自燃后的逃生：

当汽车发动机发生火情的时候，

汽车自燃

驾驶员要迅速停车，让同车人员打开车门先下车，然后切断电源，取下车上的灭火器，对准着火部位的火焰正面猛喷，直到扑灭火焰为止。

发现汽车的车厢货物发生火情之后，驾驶员应该将汽车驶离重点要害部位或者是离开人员密集的场所再停下来，并迅速向消防队报警。

同时，驾驶员应该及时取下随车灭火器进行扑救。如果发现火苗一时扑灭不了，就应该劝围观的群众远离现场，以免发生爆炸事故给人民群众的生命财产造成危害，使灾害扩大化。

如果汽车是在加油过程中发生火灾，驾驶员首先要做到不惊慌，并且立即停止加油，迅速将车开出加油站，用随车灭火器或者是加油站的灭火器，以及衣服等将油箱上的火焰扑灭。

如果发现地面有流散的油料，一定要用库区的灭火器或沙土将地面的明火扑灭。

当汽车在修理的过程中发生火灾时，修理人员应该迅速上车或是钻出地沟，快速切断电源，用灭火器或者是其他灭火器材扑灭火焰。

当汽车因为碰撞发生火灾时，车辆的零部件往往会受到损坏，同车人员伤亡会比较严重，此时的第一任务是设法救人。

如果发现车门没有损坏，则应

停车场

该打开车门让同车人员快速逃出。与此同时,驾驶员可以利用扩张器、切割器、千斤顶、消防斧等工具配合消防队员救人灭火。

当停车场发生火灾时,一般要根据着火车辆的位置,采取扑救措施和疏散措施。如果着火的汽车正好停放在停车场的中间,那么就应该在扑救火灾的同时,组织人员疏散周围停放的车辆。如果着火汽车是停放在停车场一边的时候,在扑救火灾的同时,也要组织人员疏散与火相连的车辆。

当公共汽车发生火灾时,由于车上的乘客较多,要特别冷静果断,首先应该考虑救人和报警,根据火灾发生的具体部位来确定逃生和扑救方法。

假如公共汽车的发动机着火,驾驶员应该立即开启所有车门,让乘客从车门下车之后再组织扑救火灾。

如果着火部位在公共汽车的中间,驾驶员在开启车门后,乘客应该从两头的车门下车之后,驾驶员和乘客再扑救火灾控制火势。

如果车上的线路被烧坏,车门可能无法开启,这个时候乘客可以从就近的窗户下车。

如果火焰封住了车门,而且车窗因为人多又不易冲出去,可以用衣物蒙住头从车门处冲出去。

当驾驶员和乘客的衣服被火烧着时,如果时间允许,可以迅速脱下衣服,用脚将衣服的火踩灭;如果时间来不及,乘客之间可以用衣物互相拍打,或者是用衣物覆盖火苗以窒息灭火,也可以选择就地打滚,滚灭衣服上的火焰。

全员跳窗逃生

145

最具典型性的汽车自燃事故

王弥和李丽开着刚修好的车子正在京珠高速公路上飞奔，两口子的心情特别好。然而，他们并没有高兴多长时间。当汽车又向前开了半个小时之后，王弥正在超车道超车，突然，王弥发觉自己的车速度慢了下来。他再踩了两脚油门，车子还是一点儿加速的反应都没有。

王弥心想，这下坏了，该不是什么地方出问题了吧？紧接着，王弥发现方向盘锁死了，无法转向，变速箱也锁死了，一个不祥的预感出现在王弥的脑子里。出现这种情况估计是电路出了问题，车辆失去了主力转向吧？当时王弥的车子正在弯道，眼看车子的速度明显慢了下来，这个时候他的心稍微镇定了一点儿，并用力把着方向盘，把车停在了右边的紧急停车带上。

车刚刚停稳，一股浓烟就从发动机盖里冒出来，难道是水箱爆了？可是也不应该出现浓烟啊！于是，王弥拉好手刹，准备下车检查。就在这时候，他看见一股火苗从发动机盖里蹿了起来。不好，一个恐怖的念头在王弥的脑海中浮现。火苗乘着风势，很快蔓延起来，王弥赶紧跑回车上，把钱包、手机等随身物品带上，随即和李丽下了车，在车后面放好了危险警告牌之后，就开始报警求救。

第六章

有毒气体泄漏防范自救

随着世界经济和科学技术的迅速发展，近几十年来，环境污染事件时有发生，尤其是大气污染事件数量不断增加，这已经成为当今社会普遍关注的环境和安全问题。其中，因化学物质泄漏引起的突发大气污染事件呈不断上升趋势，致使生态环境受到污染和破坏。

有毒气体泄漏

1. 毒性气体

有毒化学物质在生产、运输、贮存和使用的各个环节，时刻都存在着发生泄漏的危险。一旦发生毒物或易燃易爆性危险物质泄漏事故，除了可能造成巨大的人员伤亡和财产损失外，还牵涉到大批人员的紧急疏散，严重影响了人们的正常工作和生活，造成恶劣的社会影响。

危险物质意外释放而形成气云是一个十分复杂的现象，其过程决定于贮存方式、贮存条件（温度、压力）、释放方式、物质特性（沸点、密度）及外界风速等，物质释放后将与空气、蒸气、液滴及凝结所生成的水滴等结合而形成混合气云。根据混合气云与环境大气密度的差异性，可将其分为三类。

（1）浮性气云即轻气，其密度比空气的小，例如氢气。

（2）中性气云即中气，其密度与大气的相近，例如一氧化碳。

（3）重质气云即重气，其密度比空气的大，重气的形成不仅与释放物质的性质有关，而且与贮存和释放的方式有关。依据释放物质的性质，可以将重气分为如下4类：

①气体分子量略比空气小但温度远

混合气云

较空气低，如液化石油气或液化天然气。②气体分子量比空气小但夹带微小液滴，如氨气。③气体分子量比空气小但因聚合作用形成较大质量的分子团，如氢氟酸。④气体分子量比空气的大，如氯气。

在突发性污染事件中，重气是最重要的污染源。

2.重气及重气效应

重气具有重气效应，是重气云团在扩散过程中所具有的特有现象。它主要包含三方面的含义：一是在常温常压下介质气相（气体或蒸气）密度比空气密度大所导致的云团沉降过程，除氯气外，还有液化石油气、一甲胺、氯乙烯、硫化氢和二氧化碳等气体；二是贮存于加压或低温贮罐中的某些液化介质，虽然其气相密度低于空气的密度，但由于液相介质在接触周围暖空气时，迅速闪蒸，一部分介质形成蒸气，其余部分呈现液体状态，以保持气液平衡，但同时相当一部分的液态介质以液滴的方式雾化在蒸气介质中，在泄放初期，形成含有液滴夹带的混合蒸气云团，云团平均密度大于空气的密度，从而导致云团的沉降，典型体系如液氨；三是由于泄漏物

重气云团

质与空气中的水蒸气发生化学反应导致生成物质的密度比空气密度大。重气效应给环境、人员、设备等造成巨大的危害。

液化石油气泄漏怎么办

液化石油气出现漏气的原因通常分为两种：一种是因为灶具本身零部件长久使用出现老化磨损或质量有问题；另一种是由于用户没有按要求安装和使用灶具，人为造成故障。

液化气灶具容易出现漏气的部位主要有调压器、导气管、钢瓶角阀和灶具开关旋塞处。检查漏气应按钢瓶角阀→调压器→导气管→灶具开关旋塞的顺序依次涂抹肥皂水，发现冒气泡的地方即是漏气点。

1. 液化石油气中毒有哪些症状

液化石油气有麻醉作用，急性中毒时会出现头晕、头痛、兴奋或嗜睡、恶心、呕吐、脉缓等症状；重症者可突然倒下、尿失禁、意识丧失，甚至呼吸停止。液化石油气也可致皮肤冻伤。长期接触低浓度者可出现头痛、头晕、睡眠不佳、易疲劳、情绪不稳以及自主神经功能紊乱等症状。

液化石油气

2.液化石油气泄漏如何进行自我防护

当闻到气味或怀疑液化石油气泄露时，应立即采取下列措施：迅速关掉液化石油气管道上的阀门；切勿开关任何电器或现场使用电话；熄灭附近一切火种，切勿使用火柴或打火机；打开门窗，让液化石油气散发出去；通知供气公司派人修理。如果发觉或怀疑邻居家液化石油气泄露，切勿按门铃通知（以防电火花引起燃气爆炸），

打火机

应敲门通知邻居。如事态严重，应立即离开现场，再打火警电话119报警。

你知道吗

液化石油气为什么容易引起火灾

石油在提炼汽油、煤油、柴油、重油等油品过程中剩下的石油尾气，再通过一定程序和措施使石油尾气变成液体，装在受压容器内就成了液化石油气。液化石油气在气瓶内呈液态状，一旦流出会汽化成可燃气体，极易扩散，遇到明火就会燃烧或爆炸。液化石油气容易引起火灾的原因有两点：一是液化石油气中各组成气体的相对密度都大于1，也就是都比空气重，一旦泄漏出来，不像比重轻的可燃气体那样容易挥发和扩散，而是向下沉积，像水一样往低处流动和滞存，尤其是在通风不良的低洼地区会越积越多，以至与空气混合逐渐达到爆炸极限。二是因为气流到哪里火就会烧到哪里，所以，发生火灾后，蔓延迅速，造成人员伤亡的威力大。

过氧化氢泄漏怎么办

过氧化氢化学式为 H_2O_2，俗称双氧水，外观为无色透明液体，是一种强氧化剂，适用于伤口消毒及环境、食品消毒。

发生泄漏后应及时通知专职医务人员赶到现场急救，疏散泄露区域及扩散可能波及范围内的一切无关人员到安全区域，并进行隔离。有皮肤接触过氧化氢的，应该及时脱去被污染的衣物，用大量流动清水冲洗，也可以用3%高锰酸钾或者2%碳酸钠溶液冲淡；如果皮肤烧伤剧痛不止，可注射苯巴比妥钠或吗啡，并防止继发性感染。有眼睛接触者，应立即提起眼睑，用大量流动清水或者

生理盐水彻底冲洗至少15分钟。若吸入过氧化氢蒸气，要迅速脱离现场到空气新鲜的地方，保持呼吸道通畅，呼吸困难者要输氧，呼吸停止者要进行人工呼吸。若不慎食入

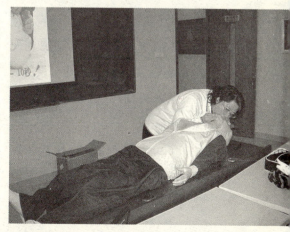

人工呼吸

153

构筑围堤

过氧化氢，则要饮用足量温水催吐或洗胃，并送医院急救。

如何控制过氧化氢泄漏灾害？

控制过氧化氢泄漏灾害要做好以下几个步骤：

（1）立即清除热源。迅速熄灭所有明火，关闭所有相关电气设备，对高温物体降温，并注意避免摩擦、振动和撞击。

（2）切断泄漏源。生产装置要停止投料，关闭输送物料的管道阀门。

（3）转移物品。对泄漏事故现场能够与过氧化氢发生化学反应或加速其分解的易燃物、可燃物、有机物、碱类、重金属及其氧化物、盐类、碳粉、铁锈等杂物，能转移的立即转移，难以转移的采取保护措施，防止发生反应引起爆炸。

（4）喷雾稀释。用水稀释过氧化氢，降低其分解活性。

（5）小量泄漏可以用大量水冲洗，水稀释后排入废水系统；大量泄漏时应构筑围堤或挖坑收容。

被毒气笼罩时如何逃生

在突发化学事故或者是遭遇恐怖毒气袭击的时候，如果没有办法一下子找到足够的标准防护器材，为了及时进行救援或者是组织居民撤离毒区，可利用日常生活用品，以及手头材料制作简易的防护器具，迅速逃离染毒区，特别需要注意的是要防护眼睛、呼吸道和四肢皮肤。

可用透明的塑料食品袋套在头部，在口鼻部开口通气并要外戴口罩，而颈部则应该用毛巾扎住，这样就形成了一个简易的呼吸道以及眼睛的防护罩，然后迅速离开毒区。

也可以用口罩或毛巾浸肥皂水、小苏打液体等，稍微拧干至呼吸阻力不大的时候，捂住口鼻迅速离开毒区。如对眼睛有刺激，也可以用

雨衣

门窗通风

游泳镜等对眼睛进行防护。

用手套、雨鞋对四肢的皮肤进行防护，雨衣、塑料薄膜、帆布、被单、雨伞、帽子等东西都可以遮住身体的各个部位，防止毒气侵害。

转移、疏散到上风方向或者有滤毒通风设施的人防工事、防毒掩蔽部等集体防护工事中，这样能够进行较长时间地医疗救护、休息而不至于遭受到严重的伤害。

如来不及转移，毒区所在人员应该在简易防护措施下进入坚固、密闭性能好、有隔绝防护能力的钢筋混凝土和砖混结构的多层建筑物内，即便是关紧的木制门窗也可将伤害降至 50% 以下。

进入房屋之后，要立即堵住与外界明显相通的裂缝，关闭通风机、空调机，熄灭火源。尽可能停留在房间内背风一端和外层门窗最少的位置，等到有毒气体散开之后尽快打开下风方向的门窗通风。

氨气泄漏中毒怎么办

氨气是有刺激性恶臭味的无色气体。其蒸气与空气的混合物爆炸极限为 16% ~ 25%（最易引燃浓度 17%）。氨在 20℃水中溶解度为 34%，它是许多元素和化合物的良好溶剂。液态氨可侵蚀某些塑料制品、橡胶和涂层。遇热、明火难以点燃，但氨和空气混合物达到上述浓度范围时，遇明火会燃烧和爆炸。氨主要用于制造硝酸、炸药、合成纤维、化肥，也可用作制冷剂。氨气主要经呼吸道吸入中毒，对黏膜和皮肤有碱性刺激及腐蚀作用，可造成组织溶解性坏死。高浓度时，可引起反射性呼吸停止和心脏停搏。

1. 中毒表现

（1）轻度中毒。眼睛和上呼吸道有刺激症状，可出现流泪、咽痛、咳嗽、胸闷，肺部有干啰音。

（2）中度中毒。声音嘶哑，剧烈咳嗽，痰可带血丝，呼吸困难，可伴有头晕、头痛、恶心、呕吐、乏力等。可有眼结膜及咽部充血及水肿，呼吸加快，肺部干、湿啰音等。

（3）重度中毒。可发生肺水肿，咳粉红色泡沫样痰及气急、胸闷、心悸、发绀，两肺有干、湿啰音，还可并发喉头水肿、痉挛，气胸，纵隔气肿等。

（4）其他。误服氨水可致消化道灼伤，有口腔、胸、腹部疼痛、呕血、虚脱，可发生食管、胃穿孔及呼吸道刺激症状。吸入极高浓度可迅速死亡。眼接触液氨或高浓度氨气可引起灼伤，严重者可发生角膜穿孔。皮肤接触液氨可致灼伤。

胸部 X 线检查呈支气管炎、支气管周围炎、肺炎或肺水肿表现。血气分析示动脉血氧分压降低。根据氨的特殊刺激气味，可作出初步诊断。

2. 急救

（1）将中毒者移到空气新鲜处，脱掉污染的衣服，用大量流动清水冲洗患处或眼部至少 10 ~ 30 分钟。误服者给饮牛奶，有腐蚀症状时忌洗胃，并对症处理。

（2）保持呼吸道通畅，应用支气管舒缓剂，注意必要时进行气管

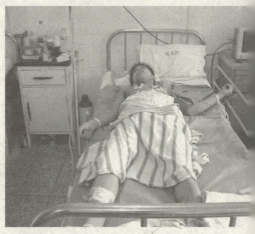

中毒昏迷

切开，呼吸困难者应及时输氧。

（3）早期、适量、短程应用糖皮质激素，按病情给地塞米松 10 ~ 60 毫克 / 日，分次给药，待病情好转后减量，大剂量应用一般不超过 3 ~ 5 日。

（4）限制液体摄入量，合理应用抗生素。

（5）对症、支持治疗，防治肺水肿，喉痉挛、水肿或支气管黏膜脱落造成的窒息。

硫化氢泄漏中毒怎么办

硫化氢是具有刺激性和窒息性的无色气体，有臭鸡蛋味。其广泛存在于石油、冶炼、化工、染料、皮革、造纸、甜菜制糖等行业中。废气、沼泽地、粪池、污水沟、隧道、垃圾池中，均有各种有机物腐烂分解产生的大量硫化氢。低浓度接触仅有呼吸道及眼的局部刺激作用，高浓度时全身作用较明显，表现为中枢神经系统症状和窒息症状。作业工人中毒常见。

1. 轻度中毒

主要是上呼吸道及眼黏膜刺激症状，表现为眼灼热、刺痛、怕光、流泪，流涕，咽喉部灼热感，或伴有头痛、头晕、乏力、恶心等症状。检查可见眼结膜充血，肺部干啰音。脱离接触后，短期内可恢复正常。

2. 中度中毒

黏膜刺激症状加重，出现咳嗽、胸闷、视物模糊、眼结膜水肿及角膜溃疡，有明显头痛、头晕，并出现烦躁、谵妄、抽搐等症状；可有肺部干、湿性啰音，X线胸片显示肺纹理增强或有片状阴影。

3. 重度中毒

出现昏迷，肺水肿，呼吸、循环衰竭。吸入极高浓度（1000毫克/立方米以上）硫化氢时，心肌严重缺血、坏死，可出现"闪电型死亡"。

严重中毒者，可留有神经、精神后遗症。

可有白细胞增高，蛋白尿，肝功能异常，动脉血氧分压下降，二氧化碳结合力降低，碳化血红蛋白增高。心电图 T 波倒置，ST 段明显抬高及肺部 X 线典型表现等。

可用乙酸铅试纸简易显色测定法来鉴定硫化氢。方法为将试纸浸于 2% 乙酸铅乙醇溶液中，至现场取出暴露 30 秒钟，观察其变色的结果。其颜色深浅与空气中硫化氢浓度有关，若其浓度为 10～20 毫克/立方米时，试纸呈绿黄色至棕色；

若为 20～60 毫克，立方米时，则呈棕黄色至棕褐色；若达 60～150 毫克/立方米以上时，则呈棕褐色至黑色。

4. 急救

（1）对急性中毒者，应迅速移至新鲜空气处，或给氧气吸入。保持呼吸道通畅，对呼吸停止者应持续不断地进行人工呼吸，必要时给予呼吸兴奋剂。

（2）以 3% 亚硝酸钠溶液 10～20 毫升，缓缓静脉注射，亚硝酸钠可与硫离子结合形成硫化高铁血红蛋白复合物。同时，用细

作业工人

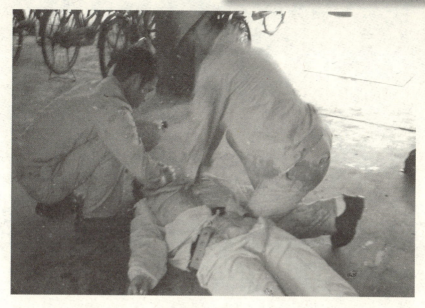

中毒人员抢救

胞色素 C30 毫克，50% 葡萄糖液 20 毫升及维生素 C1 ~ 2 克，静脉注射。

（3）糖皮质激素的应用。

（4）对有肺水肿，脑水肿、循环功能障碍、肺部感染者，给予相应治疗。同时营养心肌及改善脏器功能。

（5）有眼刺激症者，用2% 碳酸氢钠冲洗，继用3% 硼酸水洗眼，涂金霉素眼膏。如用可的松滴眼，每日3 ~ 4次，效果更好。有上呼吸道刺激症状者，可用 5% 碳酸氢钠雾化吸入。

煤气泄漏中毒怎么办

一氧化碳中毒俗称煤烟或煤气中毒，以冬季为多发季节。一氧化碳是由含碳物质燃烧不完全产生的一种无色、无臭、无刺激性气体，易燃、易爆，在空气中燃烧其火焰呈蓝色。吸入过量可引起中毒。一氧化碳中毒主要引起组织缺氧。

1. 中毒表现

（1）有吸入一氧化碳的病史。如北方用煤炭，取暖或烧饭，当门窗关闭、不透风时，燃烧的煤炭就会产生一氧化碳，同室人员常一起发病。

（2）轻度中毒。可有头痛、头晕、四肢无力、恶心、呕吐、意识模糊、嗜睡。

（3）中度中毒。中毒者面色潮红、口唇呈樱桃红色、心率加快、呼吸困难、站立不稳，可有昏迷。

（4）重度中毒。持续昏迷、瞳孔缩小、大小便失禁，可有高热、大脑强直状态。部分中毒者，可发生心肌损害、心律失常、肺水肿、休克等。

在中毒者脱离中毒现场8小时以内，抽取静脉血，血液可呈樱桃红色。重度中毒者，有时诊断比较困难，需与各种脑血管疾病相鉴别。

2. 急救

（1）立即打开门窗通风。将中毒者移至空气新鲜流通的地方，解开衣领、裤带，放低头部，并使其头向后仰，有利于呼吸道通畅。注意保暖，防止着凉。能饮水者，可喝少量热糖茶水，让其安静休息。

（2）按压穴位。中毒者已昏睡、昏迷时，可用手按压刺激人中（在鼻下人中沟上 1/3 与中 1/3 交界处）、十宣（在两手指指尖端）、涌泉（足掌心的前 1/3 与中 1/3 交界处）等穴，让其苏醒。必要时做人工呼吸。中毒深昏迷者，应迅速送医院急救。

（3）纠正缺氧。吸氧。流速为 8～10升/分，高压氧治疗效果更佳。

重症者使用呼吸兴奋剂，如可拉明、洛贝林等。

改善脑组织代谢。胞二磷胆碱 0.5～0.75 克，静脉滴注。同时用细胞色素 C（皮试阴性）15～30 毫克，用 50% 葡萄糖溶液 20 毫升，稀释后缓慢静注，每日 1～2 次。其他药物尚有 ATP、辅酶 A、B 族维生素等。

热糖茶水

（4）防治脑水肿。可用地塞米松 10 ~ 20 毫克，或氢化可的松 100 ~ 200 毫克，静脉滴注。

20% 甘露醇 250 毫升，快速静脉滴注，每日 3 ~ 4 次。

速尿 20 ~ 40 毫克，肌内或静脉注射。

（5）换血疗法。对危重者输新鲜血或换血治疗。

（6）对症治疗。及时纠正水、电解质及酸碱平衡紊乱，控制休克及肺水肿，抗生素防治感染。昏迷时间长，特别是抽搐频繁，发热在 39℃ 以上、有呼吸或循环衰竭者，可进行人工冬眠及降温疗法。呼吸衰竭者，必要时进行气管切开或气管插管进行人工或机械辅助呼吸。

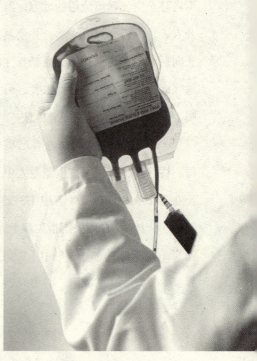

输血

第七章

突发核污染的防范自救

核辐射和放射性核素的应用已有百年历史。虽然它给人类带来巨大利益，但在使用不当时也会对人体造成一定程度的影响和危害。为了保证人们的健康与安全，必须确立防辐射的基本原则，并制定必要的防护标准，了解核辐射种类，采取有效的措施，减少核污染对身体的危害。

核事故灾难

1. 三英里岛核事故

1979年3月28日凌晨，在美国宾夕法尼亚州哈里斯堡东南16千米处的三英里岛核电站2号反应堆发生的一次放射性物质外泄事故。事故导致电站周围80千米范围内生态环境受到污染。这是人类发展核电以后首次引起世人注目的核电站事故。事故延续到4月2日早晨才得到控制。整个过程虽只有3名工作人员受到过量辐照，但因是首例大量报道的核事故，所以受到世人关注，对世界核能的利用和发展造成重大影响。

2. 切尔诺贝利核事故

切尔诺贝利核电站位于在乌克兰首府基辅的北部，作为当时世界上最大的核电站，切尔诺贝利一度是国家强大的象征。1986年4月26日凌晨1时24分，切尔诺贝利核电站4号核反应堆不幸发生爆炸，并很快熔毁。爆炸发生后，当局从这一地区撤出了10多万人。据官方公布的数字，爆炸事件发生后，有31名紧急支援人员死亡，而此后乌克兰及其邻近地区儿童甲状腺癌的发病率就逐年上升，几乎是正常发病率的100倍。乌克兰政府公布的分

切尔诺贝利废墟

类赔偿名单中有近 300 万人，这些人可以得到政府提供的为数不多的福利。在 14 年里，乌克兰共有 336 万人遭到核辐射侵害，参与核事故救援工作的 35 万人中，身体健康的已不到 10%。2001 年 4 月，联合国发表了一份对切尔诺贝利核灾难后果重新评估的报告，指出最快要到 2016 年才能知道核灾难受害者的确切人数。

切尔诺贝利核电站原有 4 个反应堆（即 4 台机组），17 年前的爆炸毁掉了 4 号机组，第 2、第 1 号机组也于 1991 年发生故障先后停止运转。苏联政府曾经作出 1993 年前关闭整个核电站的决定，但独立后的乌克兰在发展本国经济的过程中一直处于艰难跋涉的困难境地，1993 年 10 月乌议会撤销了关闭整个电站的决定，希望继续利用该电站缓解国内严重的能源短缺。自爆发核灾难以来，乌政府每年需要拨款 10 亿美元用于消除灾难后果，迄今已耗资 140 余亿美元。乌克兰政府多次向国际社会承诺将全面关闭切尔诺贝利核电站，但前提是必须获得国际上相应的经济援助，以补偿因关闭电站而造成的损失。西方国家已经承诺，将在 2015 年前援助乌克兰 7 亿多美元，在出事故的第 4 号反应堆周围建起一个新的"石棺"，以防止核辐射外泄。

现在将爆炸的核反应堆包裹起来的"石棺"是灾难发生时紧急"建"成的，当时燃烧的核反应堆被喷撒了大量沙子和水泥，又放上了重达数百吨的钢板，几乎变成了一座钢筋混凝土制成的"石棺"。"石棺"里潜藏着近 200 吨重的放射性熔质、尘埃、有毒物质和各种建筑碎片。这座反应堆尚未完全封闭起来，每年渗透到里面的自然降水有 3000 立方米之多。顶部随时都有塌陷的可能，随着水的大量进入和流出，钚和铀等放射性物质也会跟着泄漏出来。如何控制水和尘埃的问题一直没有解决，核燃料必须要抽出来，否则还会再次发生事故。这是一项非常紧迫、难度极大的工程，因为世界上目前还不曾有过这样的先例。

西方国家担心切尔诺贝利悲剧重演而影响全球环境，多年来不断敦促乌克兰政府彻底关闭切尔诺贝利核电站，同时答应向乌克兰提供经济补偿。1995 年 12 月，乌克兰与西方七国和欧盟签署了《关闭切

切尔诺贝利核电站

尔诺贝利核电站相互谅解备忘录》。根据这项文件，乌克兰承诺在2000年以前关闭电站，西方则向乌克兰提供至少30亿美元的援助，包括完成乌境内的赫梅利尼茨基核电站2号反应堆和罗夫诺核电站4号反应堆的后期建设。

切尔诺贝利核电站2000年12月15日终于完成了它的历史使命，正式全部关闭，全世界似乎都轻松地出了口气。然而，切尔诺贝利核电站核爆炸引发的灾难，至今贻害无穷。关闭是否意味着这里的梦魇已经结束？很显然核事故给人们造成的创伤远远超出了事实本身。也许，要人们忘却像切尔诺贝利这样的梦魇不仅需要时间，还需要人类做出更多的努力。

3.日本福岛核电站事故

2011年3月11日下午，日本发生了9级大地震，受大地震影响而自动停止运转的东京电力公司福岛第一核电站，1号机组中央控制室的放射线水平已达到正常数值的1000倍。这一核电站大门附近的放射线量12日上午9时10分已经达到正常水平的70倍以上。

3月15日晨，日本福岛第一核

福岛核电站

电站 2 号机组发生爆炸，压力控制池受损。当天上午在福岛第一核电站正门附近监测到每小时 8217 微西弗的辐射，这一辐射数值相当于普通人 1 年从自然界遭受辐射的 8 倍多。日本政府根据国际核事故分级表将此次福岛核电站事故定级为 4 级（最高 7 级）。

在千年一遇的地震与海啸的双重打击下，冷却系统遭到毁灭性打击的福岛核电站，是在建成以后的 25 年间，日本国内发生事故最多的核电站。

当 9 级大地震以后的巨大海啸袭击了福岛核电站，福岛核电站 4 号机组正在使用的核燃料棒因要定期检查都已经被取出（反应堆停止工作），放在一直装满冷却水的净水水池中。但是这个水池因为海啸的原因，很多冷却水都已经被冲走，这就造成了随后原因不明的火灾以及大量的放射性物质外泄。

由于冷却水池中的核燃料棒开始变得过热，随后产生了水蒸气，甚至有一部分核燃料棒裸露在空气中，情况极其危险。最后由热量引起火灾和爆炸，冷却水池上的房顶一部分被烧毁，放射线跑到大气中去了。

甘蓝

在日本地震造成严重破坏近两个星期之后，日本当局在国内发现了更多被核污染的蔬菜和水源。日本首相警告全日本的消费者不要食用从福岛辖区收割的蔬菜，其中包括甘蓝、花椰菜和菠菜等。这是菅直人在福岛第一核电站于3月11日遭受大地震和海啸的严重损坏并引发核危机后，首次发布限制消费令。

除了蔬菜，东京当局还表示，东京地区的一个自来水净化厂的水被发现放射性碘的含量超过了可饮用限制值的两倍以上。该自来水净化厂的放射性碘经检测覆盖了东京23个区和五个城市，包括武藏野、三鹰市、町田、多摩和稻城。

利用核能有什么优势

能量密度大和反应速度快是核能的两大特点。与化石燃料发电要排放大量的污染物质不同，核能发电不会造成空气污染，也不会加重地球的温室效应。核燃料能量密度大，核电厂所使用的燃料体积小，运输和储存都很方便。另外，核能发电的成本比用其他燃料发电成本要低。

认识常见的辐射物

1. 电离辐射

辐射是以电磁波和粒子（光子）能量束的形式传播的一种能量。按照产生电磁波的不同原因可以得到不同频率的电磁波。无线电波、红外线、太阳光、紫外线、X射线及伽马射线等都是电磁波。辐射有电离辐射与非电离辐射之分。核辐射是来自于原子核的辐射。对人类有影响的核辐射属于电离辐射，通常是指：阿尔法及贝塔带电粒子，伽马射线和中子等。电离辐射又可分为天然辐射和人为辐射。

（1）阿尔法粒子。阿尔法粒子是氦原子核，这种粒子质量大且带电荷多，穿透物质的能力较弱，且射程短，在空气中的射程为 3～4 厘米，在水、纸张、生物组织中的射程约为几十微米，一件工作服就足以将其挡住，所以它对人体的外照射（放射性物质在生物体外所产生的照射）危害可以不考虑。但阿尔法粒子的电离本领很大，一旦进入人体，会造成危害性很大的内照射（放射性物质进入生物体内所引起的照射），其主要途径是通过饮食、呼吸和皮肤创口渗入等），在防护上要特别注意防止内照射。

岩石

（2）贝塔粒子。贝塔射线是高速电子，具有较大的穿透能力，在空气中的射程可达几米。能量为70K电子伏特的贝塔射线就能穿透人体皮肤角质层而使组织受到损伤。因此，贝塔射线对人体可以构成外照射危害。但它很容易被有机玻璃、塑料以及铝板等材料屏蔽。其内照射危害比口射线小。

（3）伽马射线。伽马射线同X射线一样是由光子组成的，在阿尔法、贝塔和伽马三种射线中，伽马射线的穿透能力最强，一个能量为1兆电子伏特的伽马射线就可以穿透人体。因此，外照射防护中，对伽马射线的防护最重要。但由于伽马射线是不带电的光子，它不能直接引起电离，所以对人体的内照射的危害反而比较小。

（4）中子。中子本身不带电荷，但一旦射入生物组织中，会与其他原子核发生反应，产生阿尔法、贝塔带电粒子和伽马射线等，引起组织的严重损伤。

2.天然辐射

放射性物质和辐射是无处不在

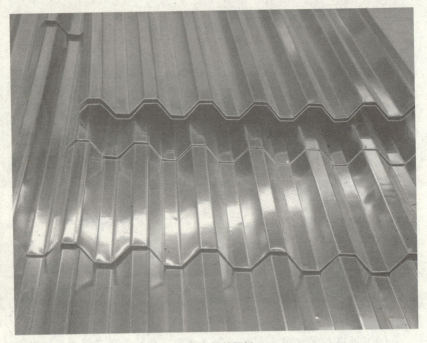

各种规格的铝板

的，人类一直生活在一个辐射环境中，每时每刻都受到阿尔法、贝塔和伽马射线的照射。实际上，人体最大能够承受一次 0.25 希沃特的集中照射而不导致遭受损伤（按照每个人的抵抗能力和体质不同有所差异）。

日常生活中，辐射来自宇宙及人类活动，存在于水、大气、土壤（岩石）和食物中。地球上大多数人受到的天然辐射剂量约为 1 米希沃特 / 年，有些地区较高，超过 10 米希沃特 / 年；人类受到的人为辐射剂量约为 1 米希沃特 / 年左右。

这些辐射来自下述几个渠道：

（1）宇宙射线。宇宙射线可分为初级宇宙射线（来自银河系、太阳系等星体的射线，主要是高能粒子，如质子、阿尔法粒子、电子和其他多电荷粒子，其能量可高达 109 ~ 1019 电子伏特）和次级宇宙射线（即初级宇宙射线进入地球大气层，与大气气体的原子核发生反应后产生的介子、中子和伽马射线、

0.29～1.30米希沃特/年，随不同地区和不同地质构造而变。地壳中的放射性主要来自于铀系和钍系，以及同位素14C和40K。

花岗岩中的放射性活度很高，含有机物的页岩中的放射性活度也较高，石灰岩中的放射性活度较低。居住在花岗岩地带的人所受的辐射为1.2米希沃特/年。

（3）空气中的放射性。空气中

花岗岩

高能电子等）。

宇宙射线的强度随海拔高度和地球纬度的变化而有显著差异，海平面为0.28米希沃特/年，每增高50米增加0.01米希沃特/年，当海拔高度为20千米时，达到最大值。高纬度比低纬度的强度大，中纬度（50度）海平面上的宇宙射线强度为0.5米希沃特/年。

（2）地壳。一般，人类受到来自地壳的放射性辐射剂量大约为

看电视

的放射性主要来自于地面扩散出来的氡和钍射气，对人体的辐照剂量当量约为 0.045 米希沃特／年，受地域影响很大，矿井或洞穴内要比地面大气高 5 个量级。

（4）水。土壤、岩石中的放射性会溶于水中，无论是地表水还是地下水或海水都含有放射性。海水中的放射性比淡水高。

（5）人体内部。人类生存环境中的放射性可直接或间接进入人体。人体内的放射性剂量约为 0.15 ～ 0.20 米希沃特／年。

（6）生活中。现代社会中，人类经常受到各种人工辐射源的辐射，如看电视、乘飞机、吸烟、拍 X 光片等。据估计，如果把医疗用的 X 射线除外，天然辐射源和人工辐射源对每个人的辐照剂量范围为 1.15 ～ 2.15 米希沃特／年。如果做肠胃系统的 X 光造影，则受到的辐射剂量可能超过 4.25 米希沃特／年。统计人类所受到的有效辐射剂量中，大约有 49.5% 来自氡气及其衰变子体、17.5% 来自陆地伽马射线、15% 来自宇宙射线、7% 来自辐射医疗、1% 来自其他人为辐射照射、10% 来自人体内的 40K 等。

核辐射危害

由于原子能工业的发展，放射性物质在医学、国防、航天、科研、民用等领域的应用不断扩大。由于放射性物质是一种能连续自动放射射线（阿尔法、贝塔、伽马射线）的物质，在使用过程中极可能导致放射性污染，所以放射性污染已成为人们关注的重要问题。

我们通常把放射源发出粒子波的现象叫做放射性。有两种情况能够发生放射现象，一种是放射源自发地发生放射现象，叫做核放射性蜕变，即自发放射；某些元素的不稳定原子核可以自发地放射出各种粒子波。另一种是放射源在外来能量的作用下发生放射现象，叫做受激放射。比如激光、热辐射、电磁波、核辐射等。

放射性污染，是指人类在利用放射性物质时释放的各种放射性核素。一般放射性核素可通过呼吸道吸入、消化道摄入和皮肤或黏膜侵入等三种途径进入人体并蓄积，超过一定量时会对人体造成危害。

放射性污染分为天然放射性污染和人工放射性污染两类。其中，天然放射性辐射占50%以上，其余是人为放射性污染引起的辐射。

天然放射性污染有来自地球外的宇宙射线。近年来大气污染使臭氧层遭到严重破坏，在地球两极先后出现臭氧空洞，使直接照射到地球表面上的宇宙射线大大增加，对地球上的生物构成严重威胁；铀、钍等矿床、土壤、水和大气中均含有天然放射性物质。食品中也含有放射性物质。

人工放射性污染有核武器实验、核原料的开采加工、核反应堆和原子能发电站、核动力潜艇和航空器、高能粒子加速器以及医学、科研、工农业各部门开放性使用放射性核素等。

一些超级大国为了争夺"世界霸主"地位，搞核试验和核军备竞争。据资料统计，自1945年美国第一次使用核武器至美苏等国签署"禁止在大气层、宇宙空间和水下进行核武器试验条约"的1963年8月，美苏共进行了354次大气层核试验，92次地下核试验，6次水下核试验，共计452次核试验。这些核试验的放射性残留物基本上散失在空气中、土壤中和水里。农作物吸收这些放射性元素后，使食品中含有放射性物质。

日常生活中常见的含有放射性物质有：磷肥、打火石、火焰喷射玩具、夜光表、彩色电视机、电子游戏机、计算机、激光玩具等。它们均可辐射不同强度和剂量的放射线。

一切形式的放射线对人体都是有害的。组成放射线的微观粒子能量大、穿透能力强，作用到人的肌体组织上后，使分子或原子获得能量而变得不稳定，肌体分子化学键断裂和重新组合成新物质过程中，产生各种变异细胞，即包括癌细胞在内的病体细胞，发生在脑部的放射性辐射可以扰乱神经中枢组织，引起各种精神障碍病。

在各种常见射线中，阿尔法射线的能量大、射程短、致伤集中，它进入肌体内照射产生的危害大，

电子游戏机

贝塔、伽马射线较次之。伽马射线的穿透能力最强，体外照射危害性最大，阿尔法、贝塔次之。

人体受到过量的放射线照射所引起的疾病称为"放射病"。放射污染对人体的危害可分为急性、慢性和远期影响。

1. 急性放射病

它是由于大剂量照射引起的，一般出现于发生意外放射事故和核爆炸时，不同剂量照射的躯体会出现不同程度的伤害，甚至死亡。

2. 慢性放射病

它是由于多次照射、长时间积累引起的。放射性物质进入环境后，加入环境中的物质循环，不仅产生外照射，而且还通过呼吸、饮水和食物链以及皮肤接触进入人体内产生内照射。内照射因放射性物质的种类、浓集量和分布器官、组织不同，而危害程度也不同。主要危害为白血球减少、白血病（俗称血癌）等。白血球数量减少，是人体对放射性照射的最敏感的反应之一。局部危害如：当手受到照射损伤时，指甲周围的皮肤发红、发亮，指甲变脆且常变形，手指皮肤光滑、失去指纹、无感觉，随后发生溃烂。

3. 远期影响

它是由急性、慢性危害导致的潜伏性危害。例如照射量为150拉德（辐射吸收剂量）以下，死亡率为零，但在10～20年以后，其结果才表现出来。躯体效应有白血病、骨癌、肺癌、卵巢癌、甲状腺癌等各种癌症和白内障等；遗传效应有基因突变和染色体畸变，在第一代表现为流产、死胎、畸形和智力不全等，在下几代可出现变异、变性和不孕等。

除了军事上和工业上应用高能量核装置之外，放射线作为一种高科技资源，越来越多地应用到各个领域。新型医学检测和治疗仪器大

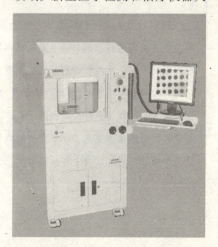

x-ray 透视检测设备

多利用放射原理，X 光透视机是较早使用在医学领域的仪器之一。在攻克癌症的进程中，人们发现：利用放射性同位素对病体组织有选择地聚集与内照射，或直接用放射线照射病组织和细胞，使病体细胞受到抑制或破坏，可以达到有效的治疗目的。

目前常使用的放射治疗有：磷-32 治疗血液病，贝塔射线敷贴治疗皮肤病和眼科疾病，钴-60 和 Cs-137 等照射治疗各种癌症。放射治疗的优点是方法简便、疗效好，等于对癌症进行了一次"无刀无痛手术"。但是，放射性治疗对人体是有损伤的，如某些患者的厌食、恶心等反应。据调查，用 X 射线治疗子宫出血而诱发人工绝经的妇女的白血病的发病率，比正常对照组高四倍。用磷-32 治疗真性细胞增多症的患者中，患白血病的概率也有所增加等等。因此，要严格控制剂量和持慎重态度，避免或减少对人体的伤害。

你知道吗

核辐射为什么会诱发癌症

通过对日本原子弹爆炸幸存者和其他短时间内受到高剂量照射的人群观察发现，高剂量的照射与癌症危险之间有直接关系。生物学实验已经证实，X 射线照射可以引发生物的基因突变和染色体畸变。通常情况下，人体所受辐射是长时间的低剂量照射，因此这类水平的照射与引起癌症之间的关系很难检测。但高剂量的核辐射会对人体内脏造成广泛的、甚至是致命的伤害，打破了人体自身的控制体系，提高了癌症发生的概率。由于儿童的生长更为迅速，细胞分裂更加频繁，因此儿童受到核辐射的损伤往往比成人更为严重。

核辐射防护方法

随着核科学与核技术的不断发展、核电厂的建造、高活度辐照源的应用、产生放射性的物质和设施已遍及生产、科研、卫生、教育和生活各个领域,为人类带来了福音。正如水能载舟亦能覆舟,辐射对人类也有可能产生危害。因此,人们日益关注对辐射的防护问题。

辐射防护是一门研究防止电离辐射对人体危害的综合性边缘学科。

辐射对人体的照射方式有外照射和内照射两种。外照射是辐射源在人体外部释放出粒子、光子作用于人体的照射;而内照射是放射性核素进入人体内,在体内衰变释放出粒子、光子作用于机体的照射。针对这两种照射方式,就有两种很不相同的防护措施与方法,因为这两种照射的防护的基本思路是根本不同的。

(1)外照防护。根据外照射的特点,外照射防护的基本原则是尽量减少或避免射线从外部对人体的照射,使所受照射不超过国家标准所规定的剂量限值。

外照射防护可以归纳为三个基本手段,有时也称三个基本方法,即可以采用以下三种办法中的一种或它们的综合:尽量缩短受照射的时间、尽量增大与放射源的距离、在人和辐射源之间设置屏蔽物。有时把这三种基本方法俗称为时间防护、距离防护和屏蔽防护。时间、距离、屏蔽一般也称为外照射防护三要素。

减少受照射的时间在剂量一定的情况下，人体接受的剂量与受照时间成正比，受照射时间愈长，所受累积剂量也愈大。所以在从事放射工作时，应尽量减少受照时间。这是花钱不多、简便而且效果显著的办法。

增大与辐射源的距离受照剂量随辐射源距离的增大而减少。对发射 x，伽马射线的点源来说，当空气和周围的物质对于射线的吸收、散射可以忽略时，某一点上的剂量与该点到辐射源之间的距离平方成反比。

设置屏蔽在反应堆、加速器及高活度辐射源的应用中，单靠缩短操作时间和增大距离远远达不到安全防护的要求，此时必须采取适当的屏蔽措施。

辐射通过物质时会被减弱，所以在辐射源外面加上足够厚度的屏蔽体，使之在某一指定点上由辐射源所产生的剂量降低到有关标准所规定的限值以下，在辐射防护中把这种方法称之为屏蔽防护。在进行

电磁波辐射屏蔽布

屏蔽防护时，应考虑屏蔽设计、屏蔽方式及屏蔽材料等问题。

外照射防护三要素中屏蔽防护是最主要的一种方法。在各种核设施及强源应用中，屏蔽设计是必不可少的步骤。屏蔽设计内容广泛，一般包括：根据源项特性进行剂量计算，选择合适的剂量限值或约束值进行屏蔽计算，根据用途、工艺及操作需要设计屏蔽体结构和选择屏蔽材料，并须要处理好门、窗、各种穿过防护墙管道等的泄漏与散射问题。

根据防护要求和操作要求的不同，屏蔽体可以是固定式的，也可以是移动式的。固定式的如防护墙、防护门、观察窗、水井以及地板、天花板等；移动式的如防护屏、铅砖、铁砖、各种结构的手套箱以及包装、运输容器等。

在选择屏蔽材料时，必须充分注意各种辐射与物质相互作用的差别。如果材料选择不当，不仅经济上造成浪费，更重要的是还在屏蔽效果上适得其反。

屏蔽材料是多种多样的，但在选择屏蔽材料时，要考虑防护要求、工艺要求、材料获取的难易程度、价格的高低以及材料稳定性等。

此外，应注意任何辐射与空气相互作用，会产生臭氧、氮氧化物等有害气体；高能带电粒子束、光子束或中子束照到物质上，可能会产生感生放射性。所以在应用外照射的辐射源时，除外照射防护外，还需注意采取相应的措施，防止内照射、有害气体等对人体的危害。

（2）内照防护。因工作内容及条件不同，工作人员所受照射可能仅有外照射或内照射，也可能两者皆有。同一数量的放射性物质进入人体后引起的危害，大于其在体外作为外照射源时所造成的危害；这是因为进入人体后组织将受到连续照射，直至该放射性核素衰变或全部排出体外为止；同时也是阿尔法射线、低能贝塔射线等辐射的所有能量均将耗尽在组织或器官内的缘故。

内照射防护的基本原则是制定各种规章制度，采取各种有效措施，阻断放射性物质进入人体的各种途径，在最优化原则的范围内，使摄入量减少到尽可能低的水平。

放射性物质进入人体内的途径有三种，即放射性核素经由食人、吸入、皮肤进入体内，从而造成放射性核素的体内污染。

放射性物质经口进入体内，主要是衣物、器具、水源被污染，在通常情况下，食品被放射性物质污染较为少见；工作人员可能经被污染的手接触食品而将放射性物质转移到体内。当环境介质受到放射性物质污染时，则有可能通过食物、饮用水等导致居民和工作人员长时间摄入放射性物质。某些水生植物和鱼类能浓集某些放射性核素，经食用而造成人体内放射性核素的沉积。要密切关注放射事故是否造成对环境的污染。

放射性气体、气溶胶逸入空间，会使空气受到不同程度的污染，有时还很严重，工作人员或公众通过呼吸将这些放射性物质吸入体内。空气被污染是造成放射性物质经呼吸道进入体内的主要途径。

完好的皮肤提供了一个有效防止大部分放射性物质进入体内的天然屏障。但是，有些放射性蒸气或液体（如氧化氚蒸气、碘及其化合物溶液）能通过完好的皮肤而被吸收。当皮肤破裂时，放射性物质可以通过皮下组织而被吸收进入体液。

没有包壳、并有可能向周围环境扩散的放射性物质，称为开放型

水生植物

或非密封放射性物质。从事开放型放射性物质的操作，称为开放型放射工作。进行开放型放射工作时，仍应考虑缩短操作时间、增大与辐射源距离和设置防护屏障，以防止射线对人体过量的外照射，还应考虑防止放射性物质进入人体所造成的内照射危害。

内照射防护的一般方法是"包容、隔离"和"净化、稀释"，以及"遵守规章制度、做好个人防护"。

包容是指在操作过程中，将放射性物质密闭起来，如采用通风橱、手套箱等，均属于这一类措施。在操作高活度放射性物质时，应在密闭的热室内用机械手操作，这样使之与工作场所的空气隔绝。

隔离就是根据放射性核素的毒性大小、操作量多少和操作方式等，将工作场所进行分级、分区管理。

在污染控制中，包容、隔离是主要的，特别是放射性毒性高、操作量大的情况下更为重要。开放型放射工作场所空气污染是造成工作人员内照射的主要途径，必须引起足够重视。采取良好的密封隔离措施，尽量避免或减少空气被放射性物质污染。

净化就是采用吸附、过滤、除尘、凝聚沉淀、离子交换、蒸发、储存衰变、去污等方法，尽量降低空气、水中放射性物质浓度、降低物体表面放射性污染水平。如空气净化就是根据空气被污染性质的不同，分别选用吸附、过滤、除尘等方法降低空气中放射性气体、气溶胶和放射性粉尘的浓度。再如放射性废水在排放前应根据污水性质和被污染的放射性核素特点，选用凝聚沉淀、离子交换、储存衰变等方法进行净化处理，以降低水中放射性物质的浓度。

稀释就是在合理控制下利用干净的空气或水使空气或水中的放射性浓度降低到控制水平以下。

在进行净化与稀释时，首先要净化，将放射性物质充分浓集，然后将剩余的水平较低的含放射性物质的空气或水进行稀释排放。

在开放型放射操作中，"包容、隔离"和"净化、稀释"往往联合使用。如在高毒性放射操作中，要在密闭手套箱中进行，把放射性物质包容在一定范围内，以限制可能

185

被污染的体积和表面。同时要在操作的场所进行通风，把工作场所中可能被污染的空气通过过滤净经烟囱排放到大气中得到稀释．从而使工作场所空气中放射性浓度控制在一定水平以下。这两种方法配合使用，可以得到良好的效果。

工作人员操作放射性物质，必须遵守相关的规章制度。制定切实可行而又符合安全标准的规章制度，并严格执行，是减少事故发生，及时发现事故和控制事故蔓延扩大的重要措施之一。

正确使用个人防护用具也是非常重要的防护手段。供从事放射工作使用的防护用具，不但应满足一般劳动卫生要求，而且必须满足辐射防护的特殊要求。

放射工作人员的个人防护措施主要有：①在操作放射性物质之前必须做好准备工作，在采用新的操作步骤前须做空白（或称冷）实验。②进入放射性实验室必须正确使用外防护用品，佩带个人剂量计。禁止在放射性工作场所内吸烟、饮水和进食。③保持室内清洁，经常用吸尘器吸去地面上的灰尘，用湿拖布进行拖擦。④尽量减少、以致杜绝因放射性物质弥散造成的污染，固体放射性废物应存放在专用的污物桶内，并定期处理。⑤防止玻璃仪器划破皮肤而造成伤口污染，万一有伤口时，必须妥善包扎后戴上手套再工作，若伤口较大时则需停止放射工作。⑥离开工作场所前应检查手及其他可能被污染的部位，若有污染则应清洗到表面污染的控制水平以下。⑦对放射工作人员必须进行定期健康检查，发现有不适应者，应作妥善安排。⑧放射工作人员必须参加就业前和就业期间的安全思想与安全技术教育及训练，这是使防护工作做到预防为主，减少事故发生的一项重要措施。

正确理解核电站

1. 核电站有哪些安全措施

核燃料"燃烧"时，会产生大量的放射性物质。为防止放射性物质外逸，在建造核电站时通常会设置四道屏障，包括燃料芯块、密封的燃料包壳、坚固的压力容器和密闭的回路系统，以及能承受内压的安全壳。在核电站的控制方面也有多重保护，如在出现可能危及设备和人身安全的情况时，可进行正常停堆；未能正常停堆时，控制棒能自动落入堆内，实行自动紧急停堆；如控制棒未能插入，高浓度硼酸溶液会自动喷入堆内，实现自动紧急停堆。

在核电站的设计中安全始终是第一位考虑的因素，设计者会考虑当地可能出现的地震、海啸、热带风暴、洪水等自然灾害，即使发生较严重的自然灾害，反应堆也应能安全停闭，发生爆炸的可能性非常低。因此，通常情况下核电站的安全是有保障的。

海啸

187

2. 在核电站工作安全吗

通常情况下，在核电站工作是很安全的。在核电站的反应堆内，以压水堆为例，它的核燃料的浓缩度只有3%，而且与氧原子结合在一起，成为二氧化铀，相对稳定。这些密度已经很低的核燃料，又装在锆包壳内，锆包壳则浸泡在大量作为冷却剂和慢化剂的水中。

切尔诺贝利核事故之所以有放射性物质大量泄露，是由于它没有像压水堆那样的压力容器及安全壳，爆炸后飞出的核燃料碎块散布到厂房周围，才造成了严重的放射性污染。

3. 核电站需要对周围环境进行放射性检测吗

我国负责核环境检测的机构是环境保护部下属的国家核安全局。根据《中华人民共和国放射性污染防治法》规定，核设施营运单位应当对核设施周围环境中所含的放射性核素的种类、浓度以及核设施流出物中的放射性核素总量实施检测，并定期向国务院环境保护行政主管部门和所在地省、自治区、直辖市人民政府环境保护行政主管部门报告检测结果。《中华人民共和国放射性污染防治法》第四十九条规定，"有下列行为之一的，由县级以上人民政府环境保护行政主管部门或者其他有关部门依据职权责令限期改正，可处以2万元以下罚款：①不按照规定报告有关环境检测结果的；②拒绝环境保护行政主管部门和其他有关部门进行现场检查，或

台山核电站

者被检查时不如实反映情况和提供必要资料的。"

4. 核电站周围的居民安全吗

因为对核电站缺乏基本的了解，加上受切尔诺贝利核电站事故的长期影响，很多人谈"核"色变，认为核电站不安全，甚至有人认为核电站用的就是原子弹。核电站在运行过程中的确会产生少量的放射性废物，但这些废物在排出之前会经过各种处理，使排放量降到尽可能低，几乎不会造成周围环境的放射性水平发生可以觉察的变化。现在世界各地正常运行的核电站对周围公众产生的辐射剂量，与个人平均可接受的自然辐射剂量（每年2.4毫西弗）相比，是可以忽略的，几乎与每天抽一支烟的辐射剂量相当。因此，生活在核电站周围的居民是安全的。

我国的核电站

我国已建成的核电站有以下这些。

秦山核电站：一期工程装机容量1×30万千瓦，设计寿命30年；二期工程及扩建工程装机容量2×65万千瓦，设计寿命40年；三期（重水堆）工程装机容量2×72.8万千瓦，设计寿命40年。

广东大亚湾核电站：采用法国M310压水堆技术，装机容量2×98.4万千瓦，设计寿命40年。

岭澳核电站：一期工程装机容量2×99万千瓦，设计寿命40年；二期工程正在建设，装机容量2×100万千瓦，设计寿命40年；三期工程装机容量2×100万千瓦，设计寿命40年，2011年开工建设。

田湾核电站：一期工程采用俄罗斯AES-91型乐水堆技术，装机容量2×106万千瓦，设计寿命40年；二期工程3号和4号机组的建设已启动，单机容量均为100万千瓦。三期工程5号和6号机组的建设已启动，采用中国二代CPR1000核电技术。

如何应对紧急核泄漏

核泄漏可能会产生大量的射线和放射性物质（即核辐射）。核辐射通过直接照射人体或者通过呼吸、吃东西、皮肤污染等危害人的健康，可导致人死亡或对人产生中长期的危害，出现疲劳、头昏、失眠、皮肤发红、溃疡、出血、脱发、白血病、呕吐、腹泻等症状。有时会引发肿瘤、畸变以及血液疾病（如白血病）的发生，甚至可影响几代人的健康。国家对核与辐射事故的预防工作是非常重视的，核电的安全性是非常高的。同时有关地方政府和部门都有相关的核应急预案。因此，当遇到核泄漏时，要听从当地政府和有关部门的统一指挥，不轻信谣言或小道消息。尽快采取以下方法应对：

要迅速远离放射性污染源。有条件的，还要尽快穿上正规的防护服。

当从电视上或广播里得知核电厂、核反应堆发生事故时，若在室内，要尽快关闭门窗和所有的通风系统；若在室外，要用随身携带的手帕、纸巾等捂住口、鼻，或用衣服、头巾、雨衣、手套和靴子等对体表进行防护，以防放射性粉尘进入体内或粘在体表。迅速往风向侧面跑，躲避到人防工程、被屏蔽材料（如混凝土、铁、铅等）屏蔽的空间等安全场所。

靴子

当衣服和皮肤受到污染后，要小心脱去衣服，然后仔细清洗手、脸、头发和其他裸露部位等。

应急注意事项：

（1）当周边发生核泄漏时，应服从相关部门的安排，携带适量必需品，有序地撤离到指定地点，不要擅自行动。

（2）从污染区撤出后，要及时清洗，并将脱掉的衣服集中销毁、掩埋；同时积极配合医疗部门进行体检。

重要预防措施：

（1）注意远离挂有核辐射标志的地区。

（2）禁止食用被核污染的食物和水。也不运输、销售来自于控制区范围内的食物和饮用水。

平时饮食上要加以注意。

抗辐射食品应以优质蛋白、多维生素（海带、卷心菜、胡萝卜、蜂蜜、枸杞等）、少脂肪、多植物油，以及营养全面、数量充足为原则。同时，适当吃一些糖，以防止消化道损伤。多喝水，以加速放射性元素随尿液排出。

枸杞

核泄漏自救常识

1. 核电站事故中抢险人员应该如何保护自己

在核电站事故发生后，第一时间赶往出事地点的应急人员通常是抢险人员。他们大多是辐射监测人员、消防人员、警察和医护人员等。为了使受辐射危险尽可能减小，抢险人员应注意以下问题：①在有辐射的环境中停留的时间尽量短。②与辐射源的距离尽量大。③尽可能充分利用屏蔽防护。同时，还要配备能报警的辐射探测仪和个人剂量计，以及必要的个人防护用具，如防护面罩、口罩、防护服、防护鞋和防护帽等。

2. 辐射防护的方法有哪些

对于外照射来说，可以通过三种途径减少外照射：①远离放射源。离放射源距离越远，人体吸收的剂量就越少。②减少受照射时间。受照射时间减少一半，照射剂量也会减少一半。③利用屏蔽物质防护。

防护帽

射线在通过物质时，能量会减少。所以在放射源与人体之间加装屏蔽物能起到防护作用。铅的屏蔽作用最好，水、铁、水泥、砖、石头等也较常用。

对于内照射防护来说，为了防止放射性微尘的吸入，应尽量减少扬尘，或者可通过改变路线、浇湿地面等减少扬尘。戴口罩也可以防止吸入微尘，其阻止放射性微尘的效果可达80%～90%。另外，当怀疑食物和水受到污染时，应当及时检测。

3. 发生核泄漏时，如何进行隐蔽

在较大量放射性物质释放的核事故期间，隐蔽是一种比较容易采取的、也可能是非常有效的防护措施。当接到应急隐蔽的通知后，应该迅速进入砖墙或混凝土结构的建筑内，关闭门窗和通风系统，以避免或减少辐射对人体造成的危害。事实证明，这类建筑可将户外的辐射降低90%，甚至更多。但在隐蔽一段时间（一般不应超过两天）之后，此时房间内空气中的放射性核素浓度会上升，因此要进行通风。

4. 在什么情况下，需要采取撤离措施

撤离是指人们从住所、工作或休息的场所紧急撤走一段时间，以避免或减少由核泄漏事件引起的辐射，这是在泄漏的放射性物质量较大时在早期和中期采取的一项防护措施。但因为实施撤离行动可能遇到时间紧迫、困难较多、风险较大等问题，易造成混乱，因此对采取撤离行动应持谨慎的态度。在行动之前应做好充分的准备工作。

接到撤离的通知后，要注意以下几点：①不要恐慌，做好准备工作，携带少量生活必需品和贵重物品。②关掉水、电、煤气等设备，锁好门窗。③提醒、帮助邻近的老弱病残人员。④相信政府，不要听信谣言。⑤服从现场指挥，有秩序、有组织地撤离。

在切尔诺贝利核电站事故发生后半个月内，当地共撤离了13.5万人和18.6万头牛。因准备充分、组织有效、管理良好，撤离过程中未发生交通事故。但1979年3月28日发生的美国三厘岛核电站事故，因组织混乱、信息阻隔，电站周围

几十千米内的群众自发撤离，造成了混乱和极坏的社会影响。

5. 出现放射性污染伤员时，应该如何自救、互救

严重的核事件发生，可能引起放射性损伤，如全身外照射损伤、体表放射性损伤和体内放射性污染等，也可能发生各种非放射性损伤，如烧伤、冲击伤和创伤等。在专业的应急救护人员到达之前，现场公众应及时自救、互救，这不仅能使伤员得到及时救治，也能提高抢救的效率。这时的主要任务是发现和救出伤员，对伤员进行初步的医学处理，抢救须紧急处理的危重伤员。根据不同的受伤情况可以进行以下抢救：①挖掘被掩埋的伤员。②灭

美国三厘岛核电站

火并使伤员脱离火灾区。③简易包扎、止血、遮盖创伤面。④清除口鼻内的泥沙，以防昏迷伤员窒息。⑤简易除污染。伤情不重的伤员可送至普通医院进行观察和治疗。中度或重度急性放射病人、有严重体表污染和体内污染的病人，要在专家的指导下救治并送往专科治疗中心。

你知道吗

如果怀疑自己受到核辐射该怎么办

如果怀疑自己受到核辐射，可到医学应急专门机构或当地政府指定的核事故应急医疗机构咨询、诊断和治疗。尽量避免在遭受核污染地区进食、饮水。必要时只食用政府统一发放的食物和饮用水，或者食用家庭储备的罐装、瓶装、袋装等密封包装的食品和水。

核污染安全常识

1. 核事件是如何分级的

国际核事件分级如下表所示。

级别	名称	描述
1级	异常	对外部没有影响,仅为内部操作违反安全规则
2级	事件	对外部没有影响,但是内部都可能有核物质污染扩散,或者过量辐射了员工,或者操作严重违反安全规则
3级	重大事件	放射性特质极小量释放,公共所受辐射程度小于规定限值,但有核设施工作人员的健康受严重影响
4级	没有明显厂外风险的事故	非常有限但明显高于正常标准的核物质被散发到工厂外,或者反应堆严重受损,或者工厂内部人员遭受严重辐射
5级	具有厂外风险的事故	有限的核污染泄露到工厂外,需要采取一定措施来挽救
6级	重大事故	一部分核污染泄露到工厂外,需要立即采取措施来挽救
7级	特大事故	大量核污染泄露到工厂外,造成巨大健康和环境影响

2. 如果发生核泄漏,核电站附近居民该怎么办

一旦出现核电站辐射泄漏事故,核电站附近居民一定要保持镇定,并迅速采取必要的自我防护措施,如到就近的建筑物进行隐蔽,减少直接照射和污染空气的吸入等要尽量通过电视、广播、电话等获取来源可靠的事件消息,及时了解政府

部门的决定、通知，切不可轻信谣言或小道信息。居民应根据当地政府的指示，决定是否食用当地的食品和饮用水，并在当地政府的安排下有组织、有秩序地撤离现场。

3. 核辐射污染如何检测

核辐射无论是强放射性和低放射性，都可以测量。对于空气核辐射程度可利用各种仪器进行测量。而地面放射性污染，可以用表面污染测量仪测量，还可以取部分土壤在实验室中经过化验后测量。通过测量，可以确定所处环境的核辐射浓度、被污染空气的状况，以及饮用水和食品中的放射性污染。在核

事件发生后，对个人进行受辐射测量十分重要，尤其是最早到达现场的抢险人员。

4. 怎么知道自己的房间和其他财产是否受到放射性污染

在核辐射事件发生之初。相关政府部门会迅速对现场进行监测和评价，从而判断放射性污染的性质、当时的污染水平以及范围，指导之后的应急行动，并组织应急人员进行监护和救治伤员。公众可以根据自己的居住地点，从政府主管部门或媒体取得关于房屋和环境的放射性污染情况信息，并根据应急响应要求采取相应的措施。

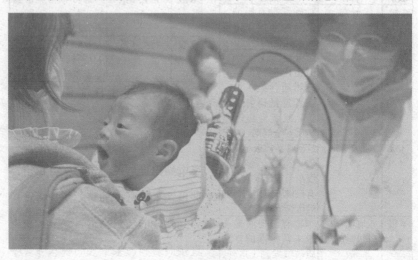

核辐射检测